青少年 STEAM 活动核心系列丛书

乐学 Scratch 编程——轻松探索游戏动画奥秘

刘龙强　编著

清华大学出版社

北　京

内 容 简 介

本书是专门为 7~14 岁孩子写的 Scratch 故事编程书。坐上时光机器回到久远的过去或遥远的将来，并在时光之旅中经历各种新奇的冒险，这种体验几乎是每一位未满 14 周岁的小朋友共有的梦想。本书充分考虑儿童的认知特点，将 Scratch 编程知识与计算机软件逻辑整合到一个个任务中，让读者在轻松愉悦的氛围中，不知不觉地掌握编程技能，提升逻辑思维能力。

全书内容共分 14 章，代表时光旅行所到达的 14 个站点。前 10 章每一章对应 Scratch 编程中一个类别的指令集，例如第 1 章对应运动类指令集、第 2 章对应外观类指令集等等；第 11 章至第 14 章综合运用前 10 章所学的基础知识分别完成一个相对复杂和大型的编程任务，其中第 11 章用游戏的方式解决人狼羊菜过河的数学图论问题、第 12 章编写一个古诗词填空游戏、第 13 章开发交通信号灯模拟动画、第 14 章编写一个有多关卡的塔防类游戏。

本书配套有 61 个讲解视频，每个视频平均约三分钟时长，分别对应书中的近百个知识点。读者在阅读本书的过程中，可以方便地通过二维码随时随地观看极具针对性的讲解视频，加深对书中内容的理解。另外，书中所有的例子程序均已随书提供，同样可以通过扫描二维码获得。

图书在版编目（CIP）数据

乐学 Scratch 编程. 轻松探索游戏动画奥秘 / 刘龙强编著. —北京：清华大学出版社，2019
（青少年 STEAM 活动核心系列丛书）
ISBN 978-7-302-51985-0

I. ①乐… II. ①刘… III. ①程序设计 – 青少年读物 IV. ① TP311.1–49

中国版本图书馆 CIP 数据核字（2018）第 297586 号

责任编辑： 贾小红
封面设计： 魏润滋
版式设计： 王凤杰
责任校对： 马军令
责任印制： 董 瑾

出版发行： 清华大学出版社
        网 址： http://www.tup.com.cn，http://www.wqbook.com
        地 址： 北京清华大学学研大厦 A 座   **邮 编：** 100084
        社 总 机： 010-62770175   **邮 购：** 010-62786544
        投稿与读者服务： 010-62776969，c-service@tup.tsinghua.edu.cn
        质 量 反 馈： 010-62772015，zhiliang@tup.tsinghua.edu.cn
印 装 者： 北京亿浓世纪彩色印刷有限公司
经 销： 全国新华书店
开 本： 170mm×230mm   **印 张：** 14.5   **字 数：** 231 千字
版 次： 2019 年 2 月第 1 版   **印 次：** 2019 年 2 月第 1 次印刷
定 价： 69.80 元

产品编号： 080285-01

推 荐 序

电脑对于我们的意义是什么呢？比如，我们身边的电器、汽车、游戏机等等，都是由电脑指挥工作的，是电脑让我们的生活变得更方便、有趣。然而，光有电脑是不行的，要想让电脑工作起来，让它按一定的顺序，完成一定的任务，就需要一个一个的命令。这一连串的命令就是程序。

那么，程序是谁做出来的呢？当然是由我们做出来的。大家使用的电脑都是通过我们编写的程序来工作的。人工智能也是如此（至少现在是这样）。反之而言，只要能编写出程序，我们就可以让电脑完成任何事情。

怎么样？大家是不是也想尝试写程序了呢？当你读了刘龙强的这本书，就可以写出自己的程序了，而且还会有电小白同学和清青老师助你们一臂之力哟，他们能够超越时间和空间，带着大家去到很多的地方，在这个过程中，大家一定会慢慢发现编程的乐趣。

电脑不仅仅是非常方便的工具，大家是否发觉电脑还是激发想象力的装置（fantasy amplifier）呢？想象力是只有我们人类才拥有的超能力，这是人工智能无论怎样进步也无法替代的。

虽然电脑能够拓展我们的想象力，但是，我们的输出还依赖于输入。在掌握了书里的例子之后，请大家发挥自己的想象力吧，我期待着大家能够创造出更多更精彩的作品！

阿部和广

2018 年 12 月 29 日

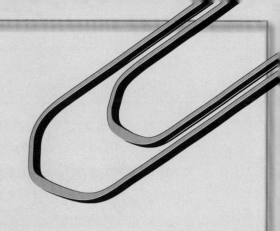

前　言

　　我们认为学习编程是每一个人的事，而非仅仅是那些希望成为职业程序员或计算机科学家的人的事。在学习编程的过程中，人们将学会很多其他事情，他们能学会解决问题、设计项目和沟通想法等各种策略。

——Mitchel Resnick（麻省理工学院教授、MIT 终身幼儿园小组主任）

　　我认为每一个人都应该学习如何给计算机编程，因为这教会你如何思考。

——Steve Jobs（苹果公司创始人）

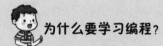 **为什么要学习编程？**

　　每个人都知道学习写字的重大意义。我们几乎每天都需要写字，例如给朋友发短信或微信、写日记、列购物清单等。从小学习写字，这早已被视为理所应当的事。很少有人会问老师或父母"我长大了并不想当作家，我可以不学写字吗？"这是因为我们知道写字可以让我们理清思路、组织语言、记录情感、提升思维等。我们清楚，写字是每一个人都应该掌握的，而非只有作家才需要学习的技能。

　　从提升思考问题和解决问题的能力这个角度来说，编程与写字非常相似，并且编程在提升我们解决问题的策略和思维能力方面，比写字所能做到的更为全面和深刻。就像篇首引用的 Mitchel Resnick 和 Steve Jobs 的言论那样，编程教会我们如何思考，所以编程与写字一样，适用于每一个人，而并非只有从事这个职业的人才需要学习编程。

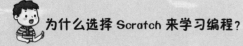 **为什么选择 Scratch 来学习编程？**

　　Scratch 是一款由麻省理工学院（MIT）设计开发的少儿编程语言和软件，其

开发团队称为"终身幼儿园团队"（Lifelong Kindergarten Group）。

选择 Scratch 来学习编程的第一个理由是零基础要求。因为 Scratch 是基于图形的编程工具，而不像此前存在的各种编程软件都基于文本。这意味着 Scratch 编程学习者不需要提前学习大量的程序指令，也不需要过度依赖键盘。因为构成程序的命令和参数都是通过积木形状的模块来实现的，用鼠标拖动模块到程序脚本区"搭积木"就可以了。

第二个理由是庞大的网络社区。Scratch 不仅将计算机编程的门槛降至极低，使学习者能够轻松入门。同时，它还构建了庞大的网络社区。目前全世界的 Scratch 开发者在这个网络社区分享了超过三千万个项目。学习者可以从网络社区中获得取之不尽的学习资源，也可以在遇到困难时快速地得到帮助，这非常有助于初学者有效提高编程水平。

 ### 为什么选择本书学习 Scratch 编程？

本书有两大特色：其一，它是专门为儿童所写的故事编程书；其二，它用丰富有趣的编程任务和相应的示例程序将复杂抽象的程序思维清晰地呈现出来。

儿童的学习方式与成年人有很大的差别，对成年人有效的教学方式并不一定适用于十岁左右的孩子。单纯的知识讲解很难让孩子一直保持高度的注意力。本书充分考虑儿童学习的特点，以故事为线索、以任务为驱动，将编程知识贯穿到故事和任务中，让少儿阅读者在一种新奇的探索和体验中，不知不觉地掌握软件编程技能，提升逻辑思维能力。

如果你处于 7~14 岁这个年龄段，那么本书非常适合你用来学习 Scratch 编程。同时，即使你已超过 14 周岁，本书第 11 章至第 14 章在软件开发方面的专业讲解，仍然适合你作为进阶的材料。对 7 岁以下的孩子，不建议让孩子单独阅读此书，可考虑在家长帮助下阅读。

 ### 本书的内容是如何组织的？

本书是以主角电小白的时光旅行故事为线索组织全书的内容。"楔子"章为全书的开端，以电小白向清青老师请教什么是 Scratch 这个问题，引出电小白以"Scratch 编程"为主题的时光旅行。

第 1 章，电小白经时光隧道来到古希腊，用 Scratch 编程的方式参加当时的运动会，引导读者掌握 Scratch 中的运动类指令的用法。第 2 章，通过另一个故事与场景学习外观类指令，同时结合第一章的知识编写出更为逼真和流畅的动画程序。第 3 章，学习声音类指令集，使用其中的演奏指令弹奏一首儿歌名曲。然后在第 4 章至第 10 章，虚构了另外七个故事和场景，先后分别学习了画笔类、事件类、控制类、侦测类、数据类、运算类和更多积木类的指令集。这 10 章内容侧重于讲解 Scratch 软件本身和计算机编程的基础知识。

第 11 章至第 14 章，侧重于综合运用前十章的基础知识，完成相对复杂的项目设计、开发、调试等专业软件开发的学习。其中，第 11 章从七桥问题引出数学的图论问题，进而提出图论中另一个经典问题人狼羊菜过河问题，然后用 Scratch 编写人狼羊菜过河问题的求解动画。第 12 章分步讲解和实现了古诗词填空的小游戏，重点涉及了列表变量的使用和字符串处理示范。第 13 章开发了使用交通信号灯控制十字路口车辆交通的模拟动画。第 14 章完整地实现了一个具有多关卡、计分板、生命值、多动画的太空对战游戏。

如何更有效地使用本书？

本书在编排上采用了由易到难、循序渐进的方式。后面的章节常常要用到前面章节的基础，所以建议严格按章节顺序学习本书内容，层层递进，不断巩固。

为了帮助少儿学习者更易于理解书中内容，本书配套了大量的讲课视频，并已将视频链接做成二维码置于书内相应位置。在阅读的同时，若遇到有不理解的问题，建议扫描二维码听讲课视频，以加深理解。

另外，本书中的所有例子程序均已以完整的项目提供。所有项目的代码齐全，可以直接运行。但建议学习者刚开始先不使用配套程序，而是按书本的任务描述，独立从零开发，实在困难时再对比配套例程，以达到更佳的学习效果。

致谢

首先我要感谢我的妻子，假若没有她的理解与全力支持，我不可能完成本书的编写。其次要感谢我的父母，双亲对儿女充分的信任与关爱，为本人创作这本故事编程书提供了无限动力。我还要感谢我十岁大的儿子，他从少儿阅读者的角度为我提出了许多宝贵的意见并激发了我的灵感。

我还要特别感谢清华大学出版社的王莉女士。王莉女士凭借其丰富的经验和严谨的专业精神，在反复审阅本书原稿的过程中，提出了许多极具指导性的意见和客观中肯的修改建议。

感谢一起成长（北京）科技有限公司邀请日本著名的青少年编程专家阿部和广教授为本书作序，感谢姜微女士将序言译成中文。

优秀的美工设计师合家欢女士所绘制的卡通图非常恰当地表达了书内每个故事的情节，这为本书增色不少，在此表示感谢！

最后，感谢所有的大小读者朋友，你们的持续关注，是本人编写此书的精神动力。

由于作者水平有限，书中难免存在疏漏和错误之处，敬请批评指正。

刘龙强

2018 年 10 月

目 录

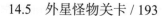

楔　子

大家好！我叫电小白，是一位 Scratch 编程爱好者。我有一位超级神通的老师叫清青老师。她不仅引导我进入 Scratch 编程的大门，还给了我一张 Scratch 编程主题的时光旅行票！

我刚刚从时光隧道回到现在。这真是一场激动人心的旅行！我到达了十四个不同年代的著名景点，完成了十四项有趣的 Scratch 编程任务！

这一切都是从我向清青老师请教什么是 Scratch 开始的。我现在把我的时光旅行见闻分享给你，希望你和我一样，从此喜欢 Scratch 编程！

清青老师，班里很多同学都在学习 Scratch，能不能告诉我 Scratch 到底是什么？我自己查了英文字典，好像是"搔痒痒"的意思。

　　小白，你好！Scratch 呀，那是一门计算机编程语言！"from scratch"在英语成语里表示"从零开始""白手起家"的意思。用 Scratch 作为这门编程语言的名字，表示它很容易学习。

　　语言？我知道世界上有汉语、英语、法语、德语什么的，Scratch 语言和这些语言也一样吗？

　　你说的那些是人类的语言，是人与人之间交流使用的；而 Scratch 是计算机编程语言，也就是人与电脑之间使用的语言。

　　我现在还没有学习过 Scratch 语言，但我不是每天都可以正常跟电脑交流吗？为什么非要学 Scratch 语言呢？

我们大多数人每天可能会用电脑上的软件来编辑文字、查看电子邮件、管理自己的照片等，但这只是在使用现成的软件。如果我们学会了 Scratch 编程，我们就可以自己开发各种各样的软件啦，这是很不相同的！

哦！那我明白了，就好像我现在会用电脑玩俄罗斯方块游戏，如果学会了 Scratch，我就可以自己开发类似的俄罗斯方块游戏了！啊哦，我刚才提到游戏了吗？不小心说漏嘴了！

同学们，一提到俄罗斯方块，你是不是也和我一样，脑子都被这些块块填满了呢？不过，这样也好，脑子里原先进的水，现在总算都被挤出来了！

看来我和老师的差距，就是我还在玩俄罗斯方块，而老师早就可以开发像俄罗斯方块之类的许多游戏了！

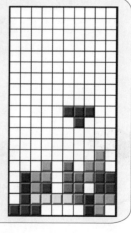

我现在已经知道 Scratch 是一门编程语言了，但我还不清楚它是怎么做到的呢。清青老师能帮我再详细解释一下吗？

在进一步解释前，我先问你一个问题：假如你现在只会说汉语，完全不懂英语，然后让你跟一位只会说英语而不懂汉语的人交流，你该怎么做呢？

要让我和完全不懂汉语的外国人交流呀？好吧，如果实在要这样的话，我应该找一位同时精通汉语和英语的人来做翻译。Oh yeah! 我是不是很机智呢？

不错，这时你需要翻译！否则，语言不通，喊破嗓子也没法交流。现在，把计算机看成那位只懂英语的外国人，而 Scratch 就是你找的同时精通中英文的翻译，这样就容易理解了。

我明白了！我们用 Scratch 语言编写出程序代码，这个过程就好像我们对翻译官说中文；然后，Scratch 将我们的程序代码翻译成机器能识别的语言，相当于翻译成英语给外国人听。

我以前听说过计算机编程，好像还有什么 C 语言、C++、Python、Java 之类的。Scratch 编程语言跟它们相比，主要有什么不同呢？

看来你懂得还不少呀！每一门编程语言都有它的特点和优势，Scratch 与它们相比，最大的不同（我认为同时也是 Scratch 的优势之一）在于 Scratch 的代码是基于图形的，而其他语言都是基于文本的。

老师请等一下，刚刚我以为自己都弄明白了，现在又开始糊涂了。什么叫基于图形，基于文本的？能不能举个例子看看呢。

在 Scratch 出现之前，编写程序基本上是通过键盘输入文字代码，然后由编程软件编译或解释成机器语言；而 Scratch 提供的指令都是图形化的积木方块，我们只需按一定的规则"搭建"积木就可以了。例如，要在屏幕上打印"Hello world!"这个字符串，C++ 编程需要输入大段的文本代码，Scratch 只需要放置积木。

有意思！看来学 Scratch 编程真的就像搭积木一般容易了！我不需去记那么多用英语单词表示的计算机指令啦！

小白，你先别高兴太早了。我必须提醒你：Scratch 编程的门槛虽然低，很容易学，但如果希望精通这门编程语言并开发出优秀的作品，你所需付出的努力一点都不比学习其他语言少。

老师说得对！我已经做好心理准备迎接挑战。请老师再给我指点迷津，我应该怎样学，才能学得更快更好，谢谢！

这样吧，我送你一张以"Scratch 编程"为主题的时光旅行票。你可以到达 14 个时光站点，也有机会完成 14 项 Scratch 编程任务，旅程结束后你就有希望成为 Scratch 编程高手了！

出发前，请仔细看一下票面上的信息，提前了解你要去的站点和任务。若需要帮助，请发微信给我，祝好运！

太好了！时光之旅，我做梦都想去！既可以旅行，同时又能学习 Scratch 编程，想想都很激动！我有点迫不及待了，马上出发啰！

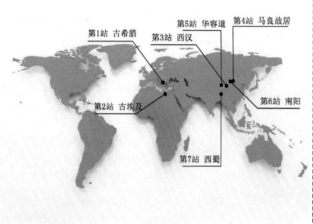

```
税号:      00000003570e9992
Ref:              1183865
--------------------------
Scratch时光之旅
17 Mar 3018          09:45
VISA                 ...261

APPROVED 00

票价                    49.99
总计    RMB             49.99

请妥善保管此票根


--------------------------
```

客户联（第1面）

安全提示：

　　本次时光旅行，最久远的过去将回到两千多年前的古希腊、最遥远的未来将到达 3000 年后的地球。乘坐时光机时，请注意系好安全带，切勿将头、手或身体的任何部位伸出窗外。祝你好运！

　　另请注意：此票不可退款，也不可转让。

　　前半程，我们将按次序先后到达以下七个站点。

　　第 1 站：时间：公元前 776 年。地点：古希腊奥林匹亚。

　　　　　　任务：用绝对运动和相对运动指令编写动画参加运动会。

　　第 2 站：时间：公元前 196 年。地点：古埃及。

　　　　　　任务：用外观类和运动类指令编写流畅逼真的动画劝服法老停息战争。

　　第 3 站：时间：公元前 202 年。地点：垓下（今安徽省灵璧县东南）。

　　　　　　任务：用声音类指令演奏一段乐曲。

　　第 4 站：时间：不详。地点：神笔马良故居牛棚。

　　　　　　任务：用画笔类指令画几何形状，自编简易画板软件。

　　第 5 站：时间：公元 208 年。地点：湖北荆州华容。

　　　　　　任务：事件类指令和消息机制编写，多角色互相协调的程序。

　　第 6 站：时间：公元 207 年。地点：河南南阳。

　　　　　　任务：综合使用学过的指令编写，同时考虑循环机制和选择机制的程序。

　　第 7 站：时间：公元 223 年。地点：四川成都。

任务：综合使用学过的指令编写人机交互的程序。

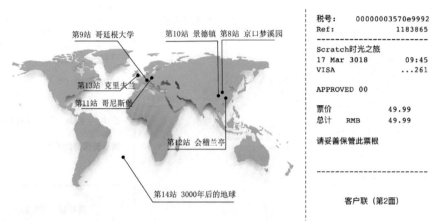

第9站 哥廷根大学　　第10站 景德镇　第8站 京口梦溪园

第13站 克里夫兰

第11站 哥尼斯堡

第12站 会稽兰亭

第14站 3000年后的地球

```
税号：       00000003570e9992
Ref:                  1183865
---------------------------
Scratch时光之旅
17 Mar 3018              09:45
VISA                   ...261

APPROVED 00

票价                        49.99
总计    RMB               49.99

请妥善保管此票根


---------------------------

客户联（第2面）
```

安全提示：

本次时光旅行，最久远的过去将回到两千多年前的古希腊、最遥远的未来将到达 3000 年后的地球。乘坐时光机时，请注意系好安全带，切勿将头、手或身体的任何部位伸出窗外。祝你好运！

另请注意：此票不可退款，也不可转让。

后半程，我们将按次序先后到达以下另外七个站点：

第 8 站：时间：公元 1090 年。地点：京口（今镇江）梦溪园。

　　　　任务：编写包含普通变量和列表变量的通讯录和古诗数据库程序。

第 9 站：时间：公元 1795 年。地点：德国哥廷根大学。

　　　　任务：综合运用已学知识编程绘制正十七边形。

第 10 站：时间：公元 1800 年。地点：中国江西景德镇。

　　　　任务：用结构化编程的思想实现带参数的正多边形函数。

第 11 站：时间：公元 1736 年。地点：哥尼斯堡（今加里宁格勒）。

　　　　任务：编写人狼羊菜过河的小游戏。

第 12 站：时间：公元 353 年。地点：会稽山阴之兰亭。

　　　　任务：编写诗词填空的小游戏。

第 13 站：时间：公元 1868 年。地点：英国克里夫兰。

　　　　任务：模拟交通信号灯控制下交通路口的车辆通行。

第 14 站：时间：遥远的未来。地点：地球 + 外太空。

　　　　任务：编写玩家飞船穿越陨石、外星怪物、怪物 Boss 诸多关卡的游戏。

就这样，我带着手机、背上行囊，最重要的是带着安装好了 Scratch2.0 软件的电脑，踏上了 Scratch 时光之旅！

如果你也要出发，请检查一下自己的电脑上 Scratch2.0 开发环境是否已经安装好。如果不确定，请到本书的附录 A 中查看安装 Scratch2.0 的方法，并熟悉一下操作界面哦！

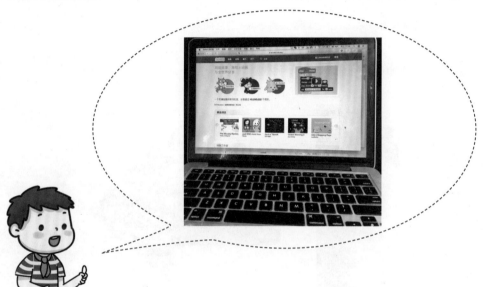

1 ➡

运动

全副武装越时空　奥林匹亚露锋芒

"天下之难作于易；天下之大作于细。"（《道德经·第六十三章》）学习新知识，先从最容易的地方开始，再逐步深入直至熟练掌握每一个要点，这是快速有效的学习途径。学习 Scratch 编程，我们也可以采用这个方法。在本章，我们将从一个最简单的项目开始，熟悉 Scratch 编程的各个方面，然后通过完成一个特定的任务，较好地掌握运动类指令，能够熟练地使用运动类指令创建动画程序。

本章任务：用绝对运动和相对运动指令控制角色在舞台区从出发点跑到终点！

本章我们将学会

● 创建第一个 Scratch 项目。

● 运动类指令集。

● 坐标系原理。

● 用绝对运动和相对运动指令创建动画程序。

〈 微信(308)　　　清青老师

公元前 776 年 5 月 4 日下午 3:28

老师，我已经到达第一站：古希腊奥林匹亚，这里有一群人不知道在干嘛，我拍个照片给你看看撒！另外，我们相隔两千多年，怎么能通微信呢？

公元 2018 年 6 月 1 日上午 10:42

 这些人在举行体育竞赛，这是人类历史上最早的运动会，也是古希腊人祭祀众神的一种节日活动。另外，请只提 Scratch 编程方面的问题，我不回答与编程无关的问题。

 你可以用 Scratch 编写一段脚本来参加这个运动会，这也是你在第一站里要完成的任务哦！加油！

公元前 776 年 5 月 4 日下午 3:30

好，那我试试！

1.1　创建第一个 Scratch 项目

在开发更酷炫的程序之前，我们先来创建第一个 Scratch 项目。（请见本书配套例程：第 1 章 01_ 第一个 Scratch 程序 .sb2）

以使用在线编辑器为例（关于 Scratch 在线编辑器和离线编辑器的安装，请参见本书附录 A），确保电脑的网络连接正常，打开浏览器，在地址栏中输入网址：http://scratch.mit.edu，并按回车键即可打开 Scratch 的首页。在这个页面的顶端，找到【创建】菜单，选择它，稍等几秒，一个全新的 Scratch 项目就已经创建成功（图 1-1）。

这个新创建的 Scratch 项目有一个默认的项目名：Untitled-x。我们可以将它改名为【我的第一个程序】，纪念我们第一次使用 Scratch 编程！

在第一个项目中，Scratch 软件已帮我们自动创建了一个角色，角色名叫"Sprite1"（或叫"角色 1"），这个默认角色是一只站立的猫，在舞台区能看到它更为清晰的图像。不过，这个时候，这只角色猫还不会做任何动作，这是因为我

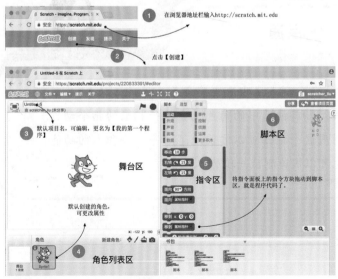

图 1-1　创建第一个 Scratch 项目

们还没有给它编写任何脚本程序，电脑即使再聪明，也无法预知每一个人希望这只猫做些什么啊！

到了这里，我们已经准备好给这只猫编写脚本，让它按我们希望的那样动起来！

从指令面板上，将那些积木方块用鼠标选中，注意不要松开，将它拖动到脚本区再松开鼠标，这个积木就成了控制当前所选中角色的脚本程序了。关于指令和脚本的更详细的介绍，参见本书附录 A，图 A–14。

试着从指令面板中，找到右图（图1–2）所示的这些积木方块（提示：可按

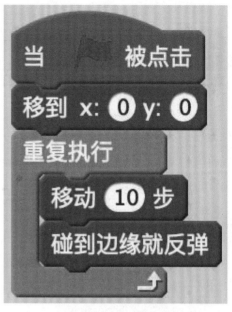

图 1–2　脚本代码示例

颜色找），并按图中的形式搭建在一起，然后单击一下舞台区右上角的绿旗按钮，看看舞台区的小猫动起来了没有呢。

一点通

角色列表区中选中某角色，用鼠标双击积木方块，当前被选中的角色就会执行相应的指令动作。利用这个特性可以方便地了解每一块积木的功能，也可以快速测试一段脚本。

1.2 运动类指令概览

表 1-1 运动类指令概览

指令方块	执 行 结 果
移动 10 步	移动 10 个坐标点，默认的朝向是向右
右转 15 度	在当前朝向的基础上向右转动指定角度
左转 15 度	在当前朝向的基础上向左转动指定角度
面向 90 方向 (90) 向右 (-90) 向左 (0) 向上 (180) 下	改变角色的朝向，90 度是向右、–90 度向左，依此类推。注意：一个圆周角是 360 度，所以 –90 度和 270 度是一样的朝向，因为两者相差 360 度
面向 鼠标指针 鼠标指针 角色2 角色3	改变角色朝向，可以朝向鼠标指针或另一个角色
移到 x: 0 y: 0	角色（中心点）移动到指定的坐标位置
移到 鼠标指针 鼠标指针 随机位置 角色2 角色3	角色（中心点）移动到指定的位置，可指定为鼠标指针的位置、或由系统随机指定的位置，或项目中其他角色所在的位置
在 1 秒内滑行到 x: 20 y: 0	角色（中心点）在指定的时间内移动到指定的坐标位置
将x坐标增加 10	x 坐标增加一个相对值，角色相应地改变位置
将x坐标设定为 0	x 坐标设定为某个绝对值，角色相应地改变位置
将y坐标增加 10	y 坐标增加一个相对值，角色相应地改变位置
将y坐标设定为 0	y 坐标设定为某个绝对值，角色相应地改变位置
碰到边缘就反弹	角色与边缘有重叠的部分时角色就向反方向运动
将旋转模式设定为 左-右翻转 左-右翻转 不旋转 任意	碰到边缘反弹时的旋转模式：左右翻转、不旋转和任意
☑ x 坐标	获取角色当前 x 坐标，勾选时可在舞台区显示监控值
☑ y 坐标	获取角色当前 y 坐标，勾选时可在舞台区显示监控值
☑ 方向	获取角色当前朝向的角度值，勾选时可显示监控值

15

1.3   坐标系原理

通过 1.1 节的学习，我们已经知道如何创建 Scratch 项目。如何给角色编写脚本，在第一个 Scratch 项目中，我们看到只是简单地拖动了几个积木，就能让角色小猫永不停歇地在舞台上运动起来。

接下来，让我们一起来完成本站点的任务：用绝对运动和相对运动指令控制角色在舞台区从出发点跑到终点！

先想想我们日常生活中是怎么描述方向和位置的，例如，我们经常听到导航软件提示："请沿当前道路继续向前 500 米""在道路的尽头向右拐弯"，等等，这些提示语当中就包含了方向和距离。导航软件的工作原理，就是在一个巨大的球面坐标系中，以坐标的方式标识出当前所在的位置和要去往的目的地，然后结合地图数据寻找一条最优路径，从而实现导航。

坐标系统根据其应用场景的不同，有平面坐标系、空间坐标系、球面坐标系等等，本书只讨论平面坐标系。

在 Scratch 编程中，我们要让角色在舞台上运动，也同样需要知道角色当前的位置和朝向，并且告诉角色要去往的目的地的位置。这样才能准确控制角色的行为。

为了描述这个方向、位置、距离，舞台实际遵循一个规则，就是以正中心的位置为原点，其他所有位置都依据其与原点的距离而存在一个 X 坐标和 Y 坐标，这就是平面坐标系，如图 1–3 所示。

从平面坐标系的图可以看出：舞台实际上是一个长度为 480、宽度 360 的长方形。这里的长度单位不是米、厘米之类的长度计量单位，而是像素，它代表的是屏幕上一个点的大小。正中心的点位置坐标为（0,0）即它的 X 坐标和 Y 坐标均为 0，最右边的中心位置坐标为（240,0），最上边的中心位置坐标为（0,180）。

认识了坐标系,就容易理解【移到 X：Y：】这样的指令了。因为在舞台上，只要给定了 X 和 Y 坐标的具体值，准确位置也就确定了。新建一个角色，然后从指令区拖动表 1–2 中的指令方块到脚本区并双击指令方块，看看会发生什么。

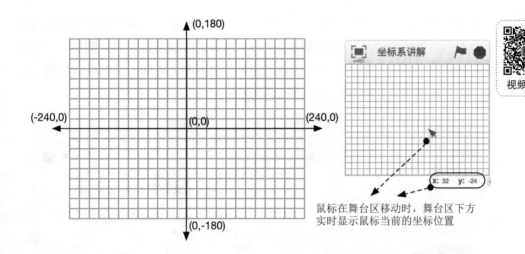

视频讲解

鼠标在舞台区移动时，舞台区下方
实时显示鼠标当前的坐标位置

图 1-3　Scratch 舞台坐标系

表 1-2　运动类指令及其执行结果

指令方块	执 行 结 果
移到 x: 0 y: 0	角色（中心点）移动到坐标系的原点
移到 x: 240 y: 0	角色（中心点）移动到坐标（240,0），位于右边线中点
移到 x: 240 y: 180	角色（中心点）移动到坐标（240,180），位于右上角
移到 x: -240 y: 0	角色（中心点）移动到坐标（-240,0），位于左边线中点
移到 x: -240 y: -180	角色（中心点）移动到坐标（-240,-180），位于左下角

1.4　绝对运动与相对运动

指定角色要去往的 X 和 Y 坐标的运动，叫绝对运动。【移到 X：0 Y：0】
指令，还有【将 X 坐标设定为】和【将 Y 坐标设定为】这些指令属于绝对运动指令，
因为它们均在指令中指定了 x 坐标和 y 坐标的具体值。

除了绝对运动外，还有一种运动叫相对运动，例如【移动 10 步】或【将 X

坐标增加 10】【将 Y 坐标增加 10】。为什么叫相对运动呢? 因为执行相对运动的指令后角色所处的位置及它的朝向与它原来所在的位置直接相关。例如: 假如瞄准的是同一个目标, 走出相同的步数, 如果角色的朝向不同, 其结果就可能完全不一样, 就像南辕北辙的故事中所描述的那样呢!

图 1-4 的示例示意了运动类指令中多条指令的用法。

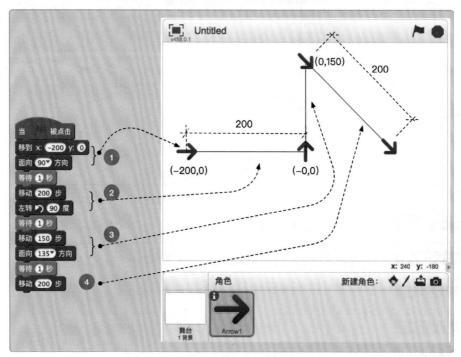

图 1-4　相对运动示例

(1) 角色移到指定的初始位置 (–200,0), 面向右方。

(2) 角色向右方移动 200 个像素点到达 (0,0) 坐标位置, 然后左转 90 度, 即从面向右方变更为面向正上方。

(3) 角色朝正上方移动 150 个像素点到达 (0,150), 然后由面向正上方改为面向 135 度方向, 即朝右下方。

(4) 朝右下方移动 200 个像素点。

图 1-4 沿移动路径画线的方式显示了执行这段示例代码的效果 (请见本书配套例程之【第 1 章 02_ 相对运动 .sb2】)。

图 1-5 示意了本例程 "奥林匹亚运动会" 的脚本程序及其运行结果, 绿色部

分的指令属于"画笔"指令，是为了画出角色的运行轨迹有助于理解运动指令所执行的效果（请见本书配套例程之【第1章03_奥林匹亚运动会.sb2】）。

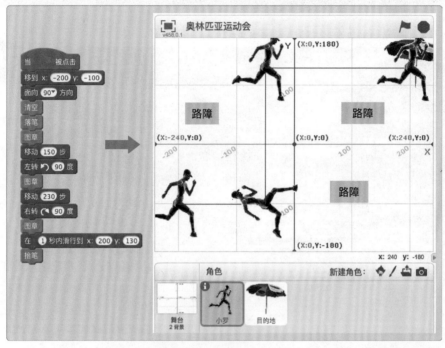

图1-5　奥林匹亚运动会动画脚本与运行结果

一点通

　　计算机执行指令的速度是非常快的，快到肉眼分辨不出角色在屏幕上的移动。所以，在运动类指令之间，加入"等待1秒"的指令可以让角色在舞台区上暂停1秒，这样就能用肉眼观察到每一个运动指令的执行结果了。

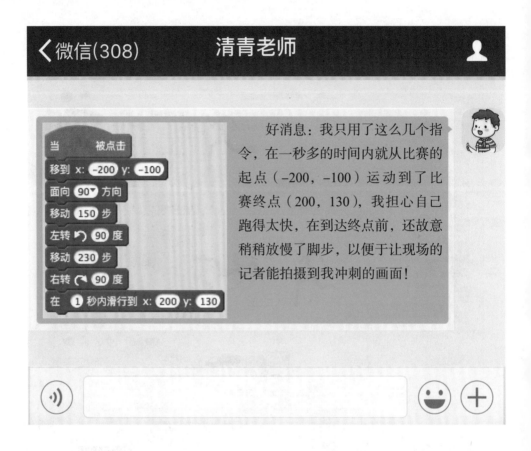

1.5 扩展阅读：奥林匹亚运动会

　　读者朋友们，你们可能都知道 2008 年在我国首都北京举办了第 29 届奥林匹克运动会，也知道奥运会每 4 年举办一次。那么按此推算，奥运会也只有 100 多年的历史，为什么小白穿越到 2000 多年前的古希腊，竟然能参加奥运会呢？

　　原来，早在 2700 多年前的古希腊，各城邦就在希腊南部一块叫奥林匹亚的小草原上举行竞技赛会。这种竞技赛会每四年举行一次，这就是古希腊奥林匹亚赛会，也是最初的奥林匹克运动会。

　　古代的奥林匹克运动会一共举行了 290 多届。到公元 394 年，侵入希腊的罗马皇帝狄奥多西下令禁止举行比赛，奥林匹克运动会从此中断了 1500 多年。后来，经过法国人顾拜旦的倡议和努力，公元 1896 年，奥运会又在雅典恢复了。以后仍然是 4 年一次，分别在不同的国家举行。顾拜旦也被誉为"现代奥林匹克之父"。

如今，奥运会已经成为全世界最受瞩目的体育盛会。每隔 4 年，来自世界各个国家和地区的运动员们向着"更快、更高、更强"的目标在各项目赛事上努力拼搏，传递着人类大家庭的和平和友谊。

2

外观

变换造型息战事　罗塞塔碑留芳名

在第 1 章中，我们已经学会了如何用 Scratch 创建自己的应用程序，还懂得了坐标系的原理，并使用运动类的指令方块搭建了脚本程序，使角色在舞台上动起来了。但我们发现角色的动作有点生硬，不像是我们在现实世界看到的人的动作，在本章里，我们将结合外观类的指令方块，来制作更流畅更生动的动画！

本章任务：用外观类和运动类指令编写更流畅的动画程序。

本章我们将学会

●造型的概念和用法。

●画板的使用。

●外观类指令介绍。

●结合运动类和外观类指令创建动画。

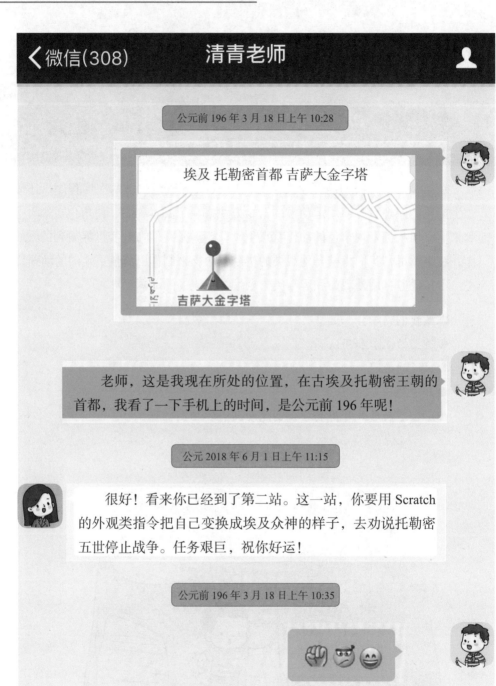

2.1　造型的概念和用法

在 Scratch 的英文版中，造型的单词是"Costume"，这个单词除了译作"造型"外，还有"戏服、演出服装"的含义。一出戏里，一位演员（角色）可以经常变换戏服（造型）出场，但同一时刻，一位演员只能穿着一种戏服出现。这个类比很适合 Scratch 中的角色和造型，每一个 Scratch 角色可以有多个造型，但同一时刻，一个角色只会以某一种造型出现。

我知道啦！

每个 Scratch 的项目中可以有多个角色，每个角色可以有多个造型，但同一时刻每个角色只能以一个造型出现！

Scratch 自带的角色库中，有些角色是配有多个造型的，每新建一个 Scratch 项目，都会自动生成一个小猫角色。在角色列表区选中这只小猫（这时通常也只有这一个角色，所以默认是选中的），然后选择"造型"选项卡，就可以看到这个角色对应有两个造型，如图 2–1 所示。

图 2–1　造型面板

造型面板上，❶有 4 个图标，对应新建造型的 4 种方法，分别是：从造型库中选取造型；绘制新造型；从本地文件中上传造型；拍摄照片当作造型。这与前面我们学习的新建角色的方法很相似。用鼠标右击某个造型图标，会出现❷快捷菜单，可以复制造型、删除造型以及将造型保存到计算机，用这种方法保存到计算机上的 SVG 格式的造型图，就能通过前面所述的"从本地文件中上传造型"而加入到项目。

❸显示的是当前选中造型的可编辑图像，编辑图像的方法将在下一节【画板的使用】中介绍。

造型既有编号，也有名字。选中某造型后，可以在❹编辑框内编辑该造型的名字，造型名字和编号在外观类指令中会用到，用来引用某个特定的造型。

画板的使用

画板是 Scratch 内建的一个软件工具，画板可以用来处理角色的造型、舞台的背景图像等。当然我们也可以使用其他专业的图像处理软件将造型或背景制作好后再导入 Scratch 中，这完全取决于开发者个人的习惯和喜好。

画板的图像处理功能很强大，单独讨论这个画板工具就足够写一整本书。但本书旨在讨论编程，而非图像处理。所以，这里只介绍 Scratch 编程中经常涉及的与画板相关的一些基本用法。如需深入学习画板工具，建议访问 https://en.scratch-wiki.info/wiki/Paint_Editor。

2.2 画板——矢量图与位图概念及对比

计算机处理的图像可以分为两大类别：一类是矢量图（也被称为向量图），另一类是位图。Scratch 编程中也常常用到这两种图像类别，有必要阐明它们的概念和用法。

矢量图是根据几何特性来绘制图形，是用线段和曲线描述图像，这种类型的图像文件包含独立的分离图像，可以自由无限制的重新组合；位图图像也称为点阵图像，位图使用一格一格的小点（像素）来描述图像。我们可以具体举例来说明这些概念，假设同样是一根直线这个图像，矢量格式可能是这样描述的：直线、端点一坐标、端点二坐标、线宽、线的颜色。而位图格式可能是这样的：像素点1的颜色、像素点2的颜色、一直到像素点n的颜色（具体存储时，JPG\PNG\BMP 等不同的存储格式有不同的图像压缩方式，但原理是一致的）。如果希望加深对这一概念了解，建议用文本编辑软件打开矢量格式的图像文件（例如 SVG）和位图格式的图像文件（如 JPEG、BMP）观察一下，前者显示的是可读的文字字符，而后者是人类难以读懂的二进制。

由于矢量图与位图在描述图像方式上的不同，所以两者各有优缺点，例如矢量图可以无限放大而不失真，而位图放大到一定比例就会出现"毛刺"现象（见图 2-2）；另外，矢量图文件实际是文本格式，所以存储空间的占用要远远小于记录每个像素点颜色数据的位图格式的文件；矢量图还有一个非常大的优势，尤其是在 Scratch 编程中，它可以支持后期的图像编辑，而位图格式的文件就无法做到这一点，矢量图的这一特性在动画软件的制作中，特别适合用来绘制各式各样的新奇的图像。图 2-3 演示了使用矢量图面板上的"变形工具"拖拽小猫图像脚部顶点进行图像编辑。

图 2-2 矢量图与位图放大后的对比   图 2-3 矢量图的编辑界面

相对于矢量图，位图也仍有它的优势，例如位图可以表现色彩丰富的图像，逼真地呈现自然界各类实物；而矢量图色彩不够丰富，无法逼真展现实物。由于这些异同点，矢量图和位图都有它最适合的应用场景，并不是简单地认为哪一种图像更优于另一种图像。

关于两者的差别，我们可以用一个简单的比喻来概括：矢量图是用彩笔按尺规作图的方法画出来的，而位图则是用摄像机拍摄出来的。

两者异同点比较如下：

表 2-1　矢量图与位图异同点

	矢量图	位图
表述形式	几何形状的组合	点阵图，记录每一个像素点的颜色
存储空间占用	小	大
分辨率	与分辨率无关，可以无限放大而不影响清晰度	与分辨率有关，放大到一定程度有马赛克效应
色彩表现力	较弱	强，可以逼真呈现现实世界和实物

Scratch 自带的画板软件界面，右下角有一个命令按钮可以在位图格式和矢量图格式之间进行转换。

2.3　画板——设置角色的中心点

想必还记得第一章运动类指令中学习过的绝对运动和相对运动，编程中我们经常会使用到将角色移动到某个指定的坐标位置，关于坐标系和坐标位置我们也已经很熟悉，但仍有一个问题需要特别留意，就是每一个角色通常它的大小肯定都超过一个像素。这意味着，不管角色身处何地，造型身上所对应的坐标点也将超过一个点，而挪动角色位置时，要到达的目的坐标点只能对应角色身上的某一个点。Scratch 就是用角色的中心点来描述角色所在坐标位置。

画板软件的右上角有一个工具按钮就是用来指定角色的造型中心的。单击这个工具按钮，画板造型图上随即会出现一个十字交叉坐标线，交叉处即为造型当前的中心点。如果要更改造型的中心点到别处，只需要鼠标单击你希望设置的新中心点即可，或拖曳十字交叉线也可以设置新的中心点。设置后，可再次单击右上角的工具按钮，十字交叉坐标线出现在新的中心点处，以验证新的中心点是否设置成功（请见图2-4）。

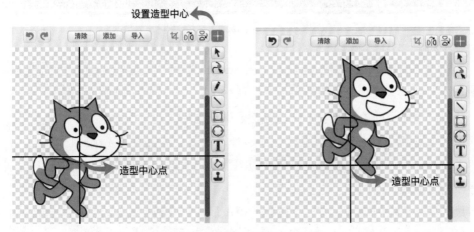

图2-4 设置角色造型的中心点

将上例中同一个角色猫的同一个造型，分别设置不同的中心点，然后各自执行图2-5中的指令，使造型大小完全一样、并且都将以这个造型出现的角色猫移动到坐标系的原点位置，观察一下它们所处位置的差别（为了精确观察，建议将Scratch 舞台背景从背景库中选择一个坐标系图案）。（详见本书配套例程之【第2章 01_造型中心点 .sb2 】）

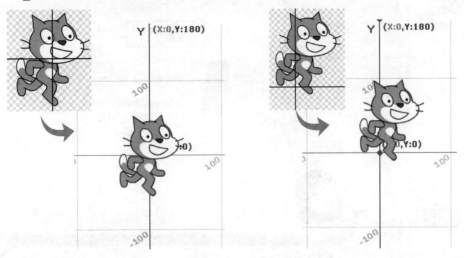

图2-5 造型中心点对角色位置的影响

2.4　外观类指令概览

外观类的指令较多，功能强大。用 Scratch 编程开发游戏或动画，经常会用到外观类指令。熟练地运用外观指令，往往可以做出专业、精美的画面。

角色扮演类的游戏或动画中，经常会出现角色之间对话的情景，外观类的指令中"说"和"思考"这两组指令在这种情况下就非常有用（请见图 2-6）。这两组指令都会在角色造型旁边显示气泡图案（图案形状略有差异）。"说"和"思考"指令参数中的内容会出现在气泡框内。这两组指令各有两个，一个只带内容参数，另一个除内容外还有一个以秒为单位的数字参数，表示经过指定秒数的时间后，气泡将自动消失。（请见本书配套例程之【第 2 章 02_ 说话思考气泡 .sb2】）

视频讲解

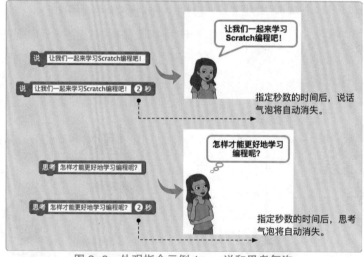

图 2-6　外观指令示例 1——说和思考气泡

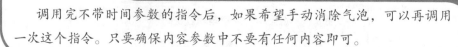

一点通

调用完不带时间参数的指令后，如果希望手动消除气泡，可以再调用一次这个指令。只要确保内容参数中不要有任何内容即可。

切换造型与运动指令相结合，可以制造成更为逼真的动画效果。图 2-7 中的角色，共有 4 个不同造型，分别对应走路时的 4 种姿势。执行图中的指令将显示右半部分的效果。其中使用的"图章"指令，将在第 4 章中进一步介绍，现在只需要知道这个指令会将角色的当前造型在当前位置留下一个印迹即可。将这组图案连在一起观看，是不是更容易看出一个人正常走路姿态呢？显然这比起保持同一个造型从一个位置滑动到另一个位置要更接近真实情况（请见本书配套例程之【第 2 章 03_ 走路造型切换 .sb2 】）。

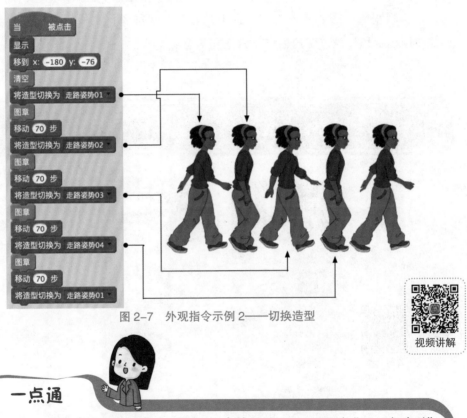

图 2-7 外观指令示例 2——切换造型

视频讲解

一点通

如果角色要切换的四个造型是按顺序排列的，可以用指令"下一个造型"来代替指令"将造型切换为 ×××"，这样就可以不必关心造型的名字啦。

2.5　外观类指令——显示 / 隐藏

　　外观类的指令中，显示和隐藏是一组完全对立的指令。这两个指令不带任何参数，其含义也很明确，就是使执行这个指令的角色处于可显示或不可显示（隐藏）的状态。由于一个完整的游戏或动画、故事等程序，通常不止一个角色。而不同的角色，因剧情的需要，出现在舞台上的时间都可能不同，所以，Scratch 程序经常使用显示和隐藏改变角色在舞台上的状态。

2.6　外观类指令——图形特效

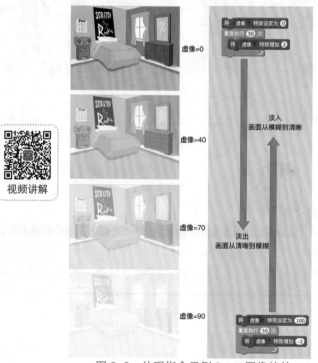

图 2-8　外观指令示例 3——图像特效

如果要让画面由清晰逐渐变得模糊直至完全消失，或者从原来的空白屏幕，逐步显现画面直至清晰可见，这应该如何实现呢？Scratch 在外观类指令中提供了丰富的图形特效来完成这样的工作（请见本书配套例程之【第 2 章 04_ 虚像特效 .sb2】）。图 2-8 示意了利用虚像特效实现画面淡出和淡入的效果。

2.7　外观类指令——图层的概念

当两个以上的角色之间有重叠的部分时，在屏幕上该如何显示呢？在 Scratch 中，默认的状态下是后来添加的角色在上面，先前加入的角色会被后来的角色盖住。例如图 2-9，两个角色，一个是乐器鼓，另一个是鼓手人，由于鼓是先加入，而人后加入，所以显示出来的就是人叠加在鼓的上面。但如果我们希望人是站在鼓的后面，怎么办呢？这就涉及图层的概念。其实每一个角色都有它所在的图层，图 2-9 示意了图层的概念。人所在的图层是第一层，鼓在第二层。对角色人编写指令，让它先移到最上层来，然后再下移一层，这样它就会处于鼓的图层的下方，从而显示成图 2-9 右边的样子。

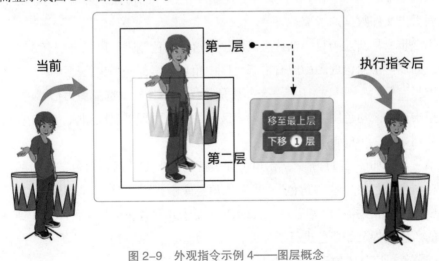

图 2-9　外观指令示例 4——图层概念

2.8　劝阻托勒密五世完整动画程序

【任务描述】

回到本章开始时的任务：电小白要以一个埃及神的造型，劝说托勒密五世，打消对塞琉古王朝发动战争的念头，用 Scratch 编程的方式来讲述这样一个故事。这个例程涉及两个角色（电小白＋托勒密五世），为使动画更为逼真，每个角色都要有多个造型。

剧情描述：在一个海滩边上，电小白变身为一个当时的人类形象，缓步走到托勒密五世跟前，运用法力使自己的形体突然变大，并改变自身的颜色，然后说出一段劝阻战争的话语；托勒密五世见到如此怪诞的景象，自然认为这是神的旨意，满口答应下来。

【任务实现过程】

第一步，先从菜单栏中的"文件"下拉菜单中选择"新建项目"，接着继续从文件的下拉菜单中选择"保存"，将本项目命名为"劝阻托勒密五世"（或任意你喜欢的名字）。及时保存项目文件，这是一个很好的习惯，可以预防因为电脑故障而丢失文件数据的情况。

第二步，将新建项目中默认生成的小猫这个角色删除。删除方法有 3 种：右击角色列表区中角色的图标或右击舞台区中角色图案都会弹出快捷菜单，快捷菜单中选择"删除"即可；还有一个办法是从光标工具栏中选择剪刀形状的图标，然后单击舞台区角色图案（或角色列表区中的角色图标）完成删除。这 3 种操作方法分别如图 2-10 所示。

第三步，如图 2-11 所示，在角色列表区的右上方"新建角色"旁边的第一个图标"从角色库中选取角色"。我们从角色库中找到"Avery Walking"来模拟电小白，Devin 模拟托勒密五世。Scratch 为便于开发者快速从角色库中找到自己需要的角色，将全部角色进行了分类，如：动画、人物、物品、交通等。此例中用到的角色可以从人物这一分类中快速查找。

角色删除操作一：角色列表区右击角色图标，快捷菜单删除。

角色删除操作三：选取光标工具栏删除工具，再单击角色图案删除。

图 2-10　角色删除操作

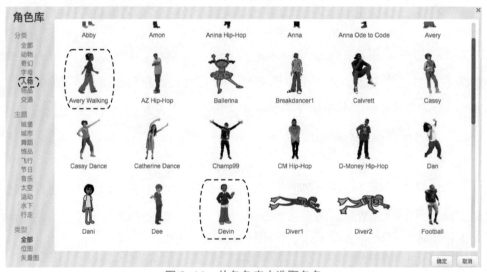

图 2-11　从角色库中选取角色

　　第四步，新建角色成功后，角色列表中就出现了已默认命名的角色，现在需要将角色的名字改成我们希望的样子。具体操作方法:点击角色图标左上角的"i"图标，将出现图 2-12 右半部分所示的界面，即角色属性界面，在文本框中编辑名字即可，然后按左上角的箭头键可以返回到前一界面。另外，这个属性界面，还可以设置角色的朝向、角色的旋转模式、播放时是否可以拖曳以及程序刚开始运行时是否显示等属性，有些属性也可以通过指令在程序运行过程中设置（例如：面向、显示/隐藏、旋转模式），而角色的名字和播放时是否可以拖曳这两个属性必须在属性界面上完成设置。

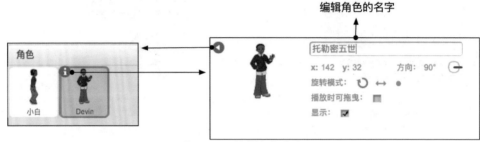

图 2-12　编辑角色名字

第五步，为角色编写脚本。

在第 1 章中我们在"运动"指令中学习了如何使用指令将角色从一个地方移动到另一个地方。但有一个问题，角色始终保持着同一个造型，这样的运动与现实世界很不相符，因此显得不那么真实。本例中，我们将通过为角色增加多个造型，并在运动过程中变换造型，从而大大提升角色运动的逼真效果。图 2-13 显示，角色"电小白"一共有 4 个造型，代表着一个人正常走路时的 4 种姿势。为了模拟真实走路的样子，在角色移动的过程中，同时改变其造型就可以了。

本章前面在学习变换造型的指令时，已经知道可以在脚本程序中通过将造型变换为指定的造型制造出走路的效果，但实际运行前文的例子时，角色运动的速度太快，并不能看到走路的过程，虽然用图章的方式能留下角色每走一步的印迹。

所以，本例程要提前学习一个"控制"类指令：等待若干秒，如图 2-14 所示，其代码执行的效果是每个造型会保持指定秒数（本例中为 0.5 秒、1 秒）的时间。

视频讲解

图 2-13　编辑造型

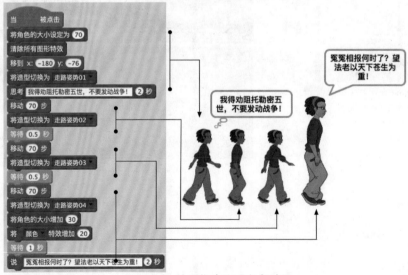

图 2-14　外观指令实现角色动画

图 2-15 示意了两个角色之间实现对话的一种方式，这里是通过计算出角色"电小白"的动画总时间，让角色"托勒密五世"等待相应的时间后，再执行"说"指令，由此实现两个角色对话。这是一种暂时的实现办法，在本书的第五章讲述事件类指令时，我们将会学习更巧妙的消息机制方法来实现角色之间的互动。

图 2-15　指令实现角色对话

为了让故事更生动更精彩，渲染一下故事所发生的场景也是很重要的。在 Scratch 中很容易做到，只要更换舞台背景就可以实现。如图 2-16 所示，我们为本故事从背景库中选取"beach rio"这幅图，这样就变成发生在海滩边上的故事了（请见本书配套例程之【第 2 章 05_ 劝阻托勒密五世 .sb2】）。

图 2-16　为舞台添加背景

2.9　扩展阅读：罗塞塔石碑（Rosetta Stone）

　　小白的名字真的被留在了古埃及的石碑上了吗？当然没有啦！不过关于托勒密五世时期的古埃及与塞琉古王朝之间的战争倒是确有其事。罗塞塔石碑（Rosetta Stone）制作于公元前196年，碑上刻有古埃及国王托勒密五世登基的诏书。这块石碑最初叫什么名字并没有人知道，但因为1799年法国军官上尉皮耶·佛罕索瓦·札维耶·布夏贺在一个埃及港湾城市罗塞塔发现，于是人们就称呼它为罗塞塔石碑 (Rosetta Stone)。

　　这块石碑对现在的人来说，最大的价值倒不在于它所记录的事情，而在于对失传已久的埃及象形文字的研究价值。因为，石碑上同时用希腊文字、古埃及文字和当时的通俗体文字刻了同样的内容，这样，近代的考古学家就可以利用它，通过对照各语言版本的内容，解读出已经失传千余年的埃及象形文字的意义与结构啦！你说是不是很宝贵呢？

3

声音

十面埋伏霸王泣　四面楚歌因声起

在第 1、2 章我们学习了运动类和外观类的指令，并且结合这两类指令已经能制作出模拟现实的流畅动画，意味着可以用 Scratch 编程讲述动听的故事了。但制作出来的动画总好像还是缺了些什么似的。对了，是缺少了声音！就像我们在看一场无声的电影。缺了声音，故事只有画面时，其感染力就差很远。

本章任务：用声音类弹奏音符指令演奏名曲《玛丽有只小羔羊》。

本章我们将学会

●声音面板的使用。

●声音类指令集。

●用弹奏音符指令演奏世界名曲。

离开古埃及的托勒密王朝，电小白在时光隧道中继续前行。又来到一处，发现却是黑夜，竟不知身处何时何地，但奇怪的是，这个夜里却不像一般的夜深人静，而是四处传来歌声，如泣如诉，如怨如慕，余音袅袅，不绝如缕。电小白呆立原地，一时竟被这歌声惹得泪流满面，泣不成声。

忽然，不远处一阵呐喊声起，只见一队人马越来越近，为首一员大将身穿盔甲，骑着一匹白马，带着一两百位步兵拼命狂奔；在这队人马后面不远处，另有黑压压的一群人马追赶而来，杀声震天。

"刚才那歌声，所唱的是楚地民歌。"电小白心想。

"四面楚歌！刚才那位领头的将军难道就是西楚霸王项羽？"电小白忽然醒悟过来。

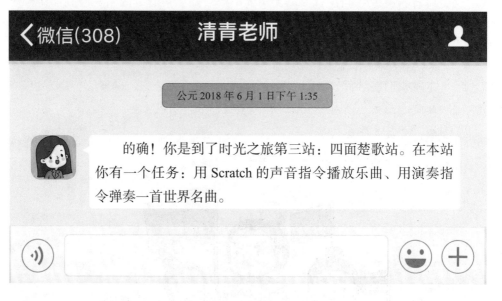

公元 2018 年 6 月 1 日下午 1:35

的确！你是到了时光之旅第三站：四面楚歌站。在本站你有一个任务：用 Scratch 的声音指令播放乐曲、用演奏指令弹奏一首世界名曲。

3.1　声音面板的使用

在脚本选项卡旁边有造型选项卡和声音选项卡，切换到声音选项卡，可以看到图 3–1 所示的声音面板。

声音文件是归属于某个角色的，这一点和造型与角色之间的关系相似，每个角色可以有多个声音文件，供角色在不同的场景下播放。Scratch 角色库中有一部分角色内置了一个声音文件，例如，默认生成的角色猫就自带了一个名称为"喵"的声音。图 3-1 中的三个图标对应三种为角色新增声音的方法，分别是 ❶ 从声音库中选取声音（Scratch 自带了数百种声音特效文件供编程时选择使用）、录制新声音、从本地文件中上传声音。❷ 文本框内可以编辑当前选中的声音文件的名字，这个名字在声音类指令中的播放声音里用以引用特定的声音文件。❸ 处的按钮可以用来播放声音试听以测

一点通

　　每个角色都可以指定任意多个声音（包括 0 个）；每个角色只能播放本角色里的声音，而无法播放别的角色里的声音。用 Scratch 开发较复杂的多角色软件时，可以专门定义一个"声音控制"角色来管理和播放项目里用到的所有声音，但播放指令必须在"声音控制"角色中调用，其他角色可以通过"消息机制"来触发播放的动作。

试效果，并且还提供了录音和编辑的功能，例如可以让声音产生由远及近或由近及远的效果（这常被称为"淡入"和"淡出"声音效果）。

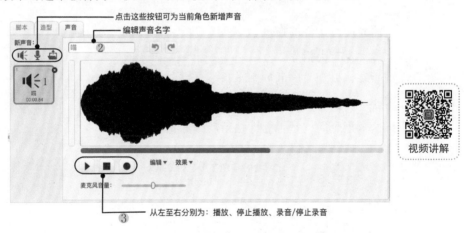

图 3-1　声音面板

3.2　声音类指令概览

如图 3-2 所示，声音类指令集中共有 13 个声音指令方块，按其功能和作用

不同，又可进一步细分为 3 个小类别。

视频讲解

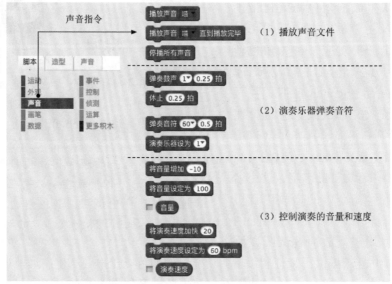

图 3-2　声音类指令概览

（1）播放声音文件的指令

（2）弹奏音符类指令

（3）演奏音量和速度的控制类指令

　　如图 3-3 所示，指令"播放声音"和"播放声音直到播放完毕"的区别主要在于执行这个指令后，是否立即执行后续的指令。

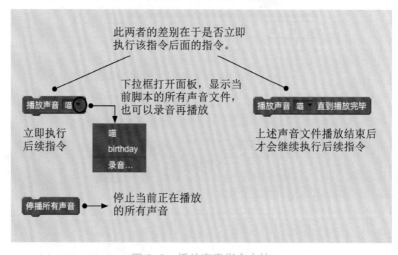

图 3-3　播放声音指令方块

在游戏和动画中，往往会有一段背景音乐在循环播放，即单曲循环。假如声音文件 birthday 的播放时长是 8 秒，则图 3-4 中左边的代码等同于右边的代码。两者的执行效果是一样的，但用左边的代码更灵活，例如当一首曲子的最末尾一段有空白段时，可以通过减少等待时间来使这个空当被下一次播放所填充。

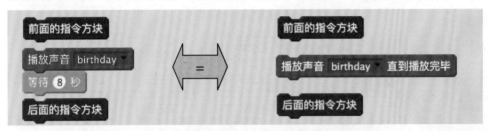

图 3-4　两个播放声音指令的等效方式

3.3　编程弹奏钢琴名曲

除了播放已有的声音文件以外，Scratch 的声音指令集中还提供了弹奏音符的指令方块，使得我们可以根据一首歌曲的乐谱，精确地用指令将它自动"弹奏"出来，而且甚至可以选择不同的乐器来弹奏它（请见图 3-5、图 3-6 及本书配套例程之【第 3 章 01_ 弹奏马丽有只小绵羊 .sb2】）。

视频讲解

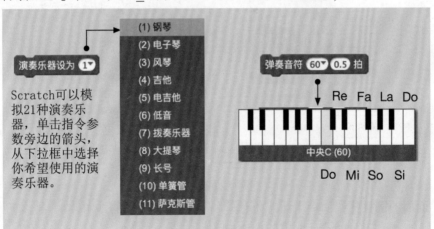

图 3-5　设置演奏乐器的指令和弹奏音符指令

弹奏音符指令的第 2 个参数即拍子数，需要特别说明。在很多 Scratch 书籍所举的例子中，这个拍子数与所弹奏乐曲的乐谱所标明的拍子数并不相吻合，这通常是因为编者对弹奏音符指令的第 2 个参数没有正确理解所致。

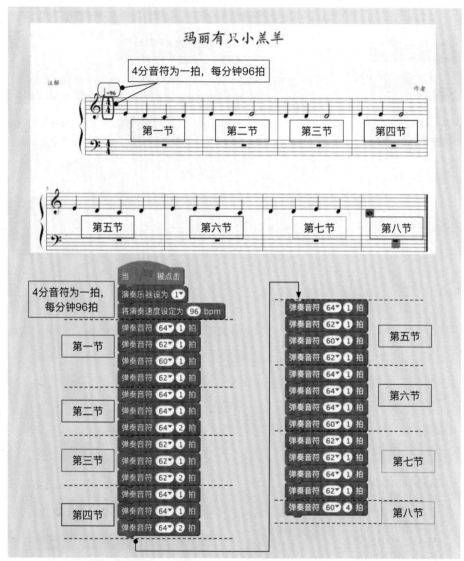

图3-6 用弹奏音符指令演奏儿歌名曲《玛丽有只小羔羊》

前面的例程代码演奏了《玛丽有只小羔羊》，乐谱中有注解 4/4，即以四分音符为一拍。每小节四拍。所以示例代码中对应四分音符在弹奏音符指令的第 2 个

一点通

　　ScratchWiki 是关于 Scratch 的技术百科，受 Scratch 开发团队支持，主要是由 Scratch 的用户即开发者所写。这是关于 Scratch 软件的指令、脚本、教程的权威信息，目前此百科上已有超过 1 000 篇技术文章。

参数都是填写 1 拍，而 2 分音符则填写 2 拍，全音符填写 4 拍。在填写这个指令的拍子参数时，有些书籍错误地认为八分音符就是 1/8 拍，四分音符就是 1/4 拍，这实际上是忽视了乐谱的常识和 Scratch 指令的严谨性。在 Scratch Wiki 网站上有关于这个参数描述的技术文档，详见图 3-7：

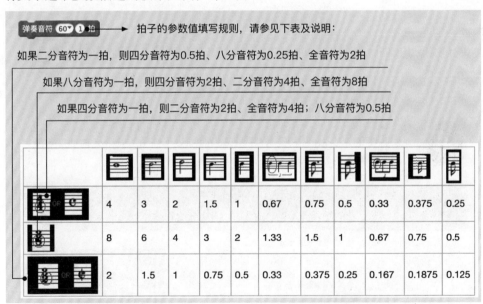

注：此图表来自 Scratch-Wikim 网站

图 3-7　弹奏音符指令拍子数参数说明

　　除了播放声音文件和弹奏音符的指令之外，声音指令还有第三个类别的指令：控制音量和控制拍子长度（即演奏速度）的指令。

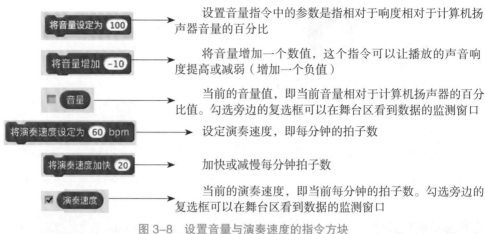

设置音量指令中的参数是指相对于响度相对于计算机扬声器音量的百分比

将音量增加一个数值，这个指令可以让播放的声音响度提高或减弱（增加一个负值）

当前的音量值，即当前音量相对于计算机扬声器的百分比值。勾选旁边的复选框可以在舞台区看到数据的监测窗口

设定演奏速度，即每分钟的拍子数

加快或减慢每分钟拍子数

当前的演奏速度，即当前每分钟的拍子数。勾选旁边的复选框可以在舞台区看到数据的监测窗口

图 3-8　设置音量与演奏速度的指令方块

3.4　扩展阅读：四面楚歌

《史记·项羽本纪》："项王军壁垓下，兵少食尽，汉军及诸侯兵围之数重。夜闻汉军四面皆楚歌，项王乃大惊，曰：'汉皆已得楚乎？是何楚人之多也。'"

太史公司马迁在《史记》中只用几句话就描述了楚汉战争最关键的战役中，项羽所面临的困境：项羽军队被困在垓下，士兵已经很少，粮食也没有了，还被刘邦的军队重重包围着。晚上，听到军营四面八方都传来楚地的歌声，项羽彻底崩溃了，以为刘邦的部队里都是投降的楚人，惊觉楚地已完全落入刘邦之手。

这种情况下，项羽内心已丧失斗志，便从床上爬起来，在营帐里面喝酒，并和他的妃子虞姬一同唱歌。唱完，直掉眼泪，在旁的人也非常难过，都觉得抬不起头来。一会，项羽骑上马，带了仅剩的八百名骑兵，从南突围逃走。边逃边打，到乌江畔自刎而死。

因为这个故事里面有项羽听见四周唱起楚歌，感觉吃惊，接着又失败自杀的情节，所以后人就用"四面楚歌"这句话，形容人们遭受各方面攻击或逼迫，而陷于孤立窘迫境地的情形。

4 ➡ 画笔

路遇不平拔刀向　生花妙笔助马良

　　"画笔"是 Scratch 提供给开发者的一个非常有用的特性。画笔功能，可以在舞台上使用脚本代码画出任意你希望的精确的几何图案，例如直线、圆、多边形、创意几何图案，也可以为这些图案加上颜色，甚至还可以用画笔功能开发出一款功能超级强大的画板软件，让你的用户随意在屏幕上作画呢！你问画笔在哪儿呢？其实每一个角色都有这样一支笔呀，本章我们将会深入探究这支生花妙笔！

　　本章任务：熟悉画笔类指令，用 Scratch 创建一个类似画图软件的画板，让用户可以在这个画板软件上用鼠标来画画。

本章我们将学会

● 画笔指令概览。

● 显示角色运动轨迹。

● 运用脚本画几何图形。

● 自制画板程序。

马良，我送你一支Scratch
画笔吧，它可是一支神笔哦！

4.1　画笔指令概览

Scratch2.0 画笔类别下一共有 11 个指令，指令的功能详见表 4-1。

表 4-1　画笔类指令概览

指 令 方 块	执 行 结 果
清空	将舞台上使用画笔画出的所有图案擦除
图章	将当前造型在舞台上留下一个画像
落笔	落笔后，角色经过的路径将画线
抬笔	抬笔状态下，角色的运动轨迹不会产生画线
将画笔颜色设定为	设定画笔颜色，单击色块后将出现点滴眼药水的工具从屏幕上取色
将画笔亮度增加 10	将颜色值增加指定值
将画笔颜色设定为 0	设定颜色值，以 200 为循环，即颜色值为 1 和 201 画出的线的颜色是一样的，以此类推。
将画笔亮度增加 10	设定画笔的亮度值
将画笔亮度设定为 50	将亮度值增加指定值
将画笔粗细增加 1	设定画笔的宽度
将画笔粗细设定为 1	将画笔粗细值增加指定值

　　Scratch 编程中的每一个角色其实都隐藏着一支画笔，只不过默认情形下这支画笔是处于"抬笔"的状态，它不会在舞台上留下痕迹。如果我们把这支画笔切换到"落笔"的状态，它就会在移动过程中，沿着角色造型的中心点画线。另外，画笔类的指令有控制画笔的颜色、粗细、亮度的指令。

　　对比图 4-1 中两段脚本和对应的舞台表现：上半部分是画笔处于默认的抬笔状态，角色小猫从一个地方移动到另一个地方，沿运动轨迹没有留下任何痕迹；而下半部分，在其他代码与上半部分完全一致的情况下，只是增加了落笔和设置画笔属性的指令，则沿小猫运动的路径，画出一根线。

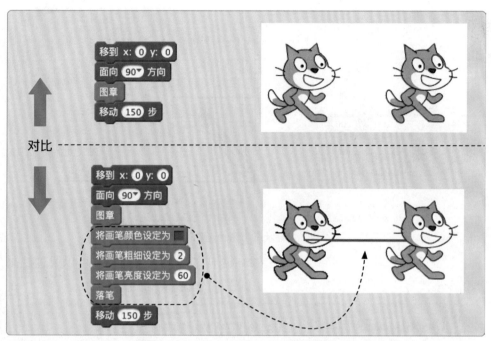

视频讲解

图 4-1　落笔与抬笔状态下角色运动的差别

一点通

　　Scratch 画笔最适合用来绘制精确的几何图案了，因为 Scratch 画笔可以精确地描绘几何图案最关键的坐标、角度、线条等因素。

4.2　画笔指令画几何图形

　　有了画笔指令，画直线、圆、三角形、正多边形等各种各样的几何图形，就是非常容易的事情了。例如图 4-2 这段代码可以画出一个边长为 100 像素的正方形。为了更形象地展示，这里选用了铅笔作为角色造型，并将造型的中心点设置在笔尖上。

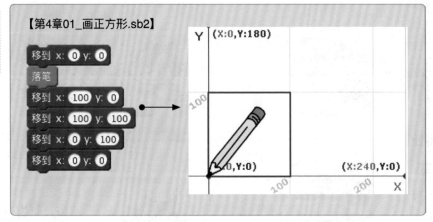

图 4-2 落笔状态下角色运动画正方形

上例反复使用了"移到 X:Y:"指令，这样的代码并不简洁，可以通过控制类指令来改写这段代码如图 4-3 所示（更详细的介绍见第六章）。

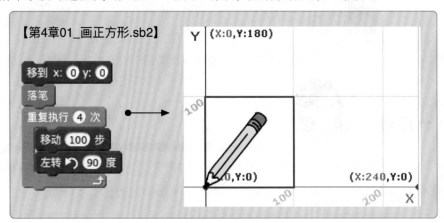

图 4-3 落笔状态下角色运动画正方形优化代码

这样做的好处是：可以很容易地通过这样的循环扩充到任意多边形。例如假设我们要绘制一个正三角形、正四边形一直到任意正 N 边形，只要将上面这段代码稍加修改即可实现。上述案例请参考本书配套例程之【第 4 章 01_ 画正方形 .sb2】。当我们学习过数据类、控制类指令后，在第九章我们将进一步学习如何用更简洁的方式来绘制任意正多边形，甚至更有创意的几何图形。

4.3　自制画板软件

大多数人可能都使用过电脑上的画板软件，如图 4-4 所示。有了它我们可以节省很多纸张，任何时候想画点东西都很方便，练习结束后要擦除也很简单，还能选择丰富的颜色、线条、笔宽等来作画。

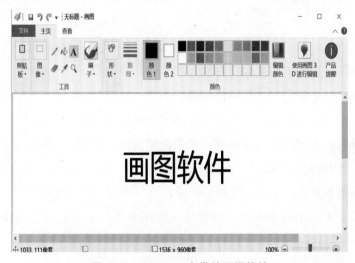

图 4-4　Windwos 自带的画图软件

现在，就让我们用 Scratch 开发一个最简单的画板软件，实现最基本的功能。要实现功能：当按下鼠标键，鼠标在屏幕上拖动时即画线，松开鼠标键后再在屏幕上拖动鼠标则不画线；另外，软件还要支持让用户选择画笔的宽度。

本例程项目文件请见本书配套例程之【第 4 章 02_自制画板软件 .sb2】

第一阶段：新建项目，重命名角色，新建空白造型，同时删除原造型（请见图 4-5）。

一点通

要实现拖动鼠标键作画，除了为角色创建一个空白图案的造型之外，还可以采用外观类指令中的"隐藏"指令将角色隐藏，无论此角色当前处于哪种造型都没有关系。

55

图 4-5　自制画板软件过程说明

第二阶段：为画笔角色编写脚本。

目前只有一个角色，就是前面创建的画笔。这个角色造型是空白图，因为我们不需要有任何的图案，只需要让它跟随鼠标指针就可以了。先针对这个唯一的角色编写脚本，让用户单击鼠标键，如果拖动鼠标就画线，否则不画线。要实现这项功能，我们需要创建一个变量来记录鼠标是否被单击了（关于变量的详细讲解在本书的第 8 章）；另外，因为要持续检测鼠标键是否被单击，需要用到控制类的循环指令（关于控制类指令的详细讲解在本书的第 6 章）。角色画笔的脚本代码如下。

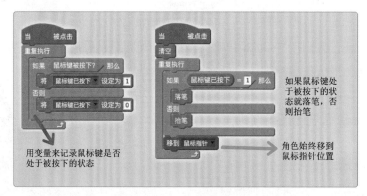

图 4-6　自制画板软件角色画笔的脚本

从图 4-6 可见，画笔角色的脚本只使用了两段非常简短的代码，即已实现画板软件的用鼠标指针作画这个基本的功能。请试着调试一下上面的代码，在我们自制的画板软件上按下鼠标键然后移动鼠标指针作画看看，图 4-7 显示了用我们自编的画图软件手写了一个 Scratch 的字样！

图 4-7 在自制画板软件上用鼠标画画

第三阶段：让用户指定画笔宽度。

为了实现让用户指定画笔宽度，我们需要再创建一个变量"画笔宽度"（关于变量的详细讲解在本书的第 8 章），同时我们可以打开该变量在屏幕上的监视窗口，对该变量打开"滑杆"并设置滑杆的最小值和最大值分别为 1 和 20（详细的操作方法见图 4-8）。

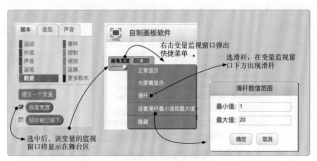

图 4-8 自制画板软件增加设置笔宽功能

一点通

本例中，"画笔宽度"是一个变量，是用来"记忆"一个经常会生变化的数值的符号。在每次落笔前，重新调用指令将画笔宽度设置为此变量中所记忆的数值。这样拖动鼠标作画时，就确保是采用了用户指定的笔宽。

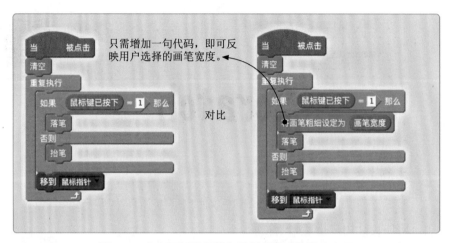

图 4-9　自制画板软件增加设置笔宽功能脚本实现

图 4-10　自制画板软件实际使用示意

　　图 4-9 显示了如何在原有的代码基础上增加一句设置画笔粗细的指令，即可实现按用户指定宽度作画。图 4-10 则显示了采用不同笔宽的情况下，画出粗细不同的线段的情况。

　　据说，后来马良用了他从白胡子老人那儿得到的神笔再加上 Scratch 画笔，智斗财主和当朝皇帝。有兴趣的读者朋友们可以阅读洪汛涛老师的精彩童话故事《神笔马良》哦！

4.4　扩展阅读：神笔马良

一支笔，画的鱼放到水里就能游，画的牛能帮你耕地，你有没有梦想过拥有马良手上的这支神笔呢？其实马良也没有那样的神笔。《神笔马良》实际上是我国著名儿童文学作家洪汛涛老师于20世纪50年代创作的童话故事。这个童话故事是享誉世界的经典文学名著，是中国儿童文学的瑰宝。它被译成多国文字，在世界各地有着极为深远的影响，为祖国多次赢得荣誉。《神笔马良》在国内更是家喻户晓，马良的智慧和英勇形象也深入人心。

读者朋友们，拿起你的Scratch画笔，你也可以轻易地画出能活动的图像来呢。在电脑上，你能做到这一点，这倒是真实不虚的事情！

5 ➡ 事件

赤壁渡口烈焰起　华容道中硝烟落

前面四章的例程，大多数是单角色项目。即使有多个角色，也没有涉及角色之间的互相通讯的问题。而实际编程经常要用到多角色之间的通讯，这时消息机制就派上大用场了。本章将重点学习当某个事件发生后，触发另一段指令运行的触发型指令以及事件类别下的其他指令。

本章任务：用消息机制编写多角色互相通讯和协调的程序。

本章我们将学会

● 事件类指令概览。

● 事件驱动的概念。

● 多角色间的消息通讯机制。

● 用消息机制描述华容道小故事。

关公听从诸葛军师之言，在华容道生出火烟，竟真的把曹操吸引过来了。真妙啊！

微信(308)　　　　　**清青老师**

公元 208 年 11 月 21 日下午 4:21

天府大道　　　华容路　　　天府大道

老师，我到这里了！有一队人马大约一百多人埋伏于此，为首一人，身长八尺，相貌雄伟，最令人称奇的是，此人髯长竟达二尺！

公元 2018 年 6 月 1 日上午 11:55

恭喜你，你见到武圣关羽，关云长了啊！他这会儿是不是在指挥手下将士在华容道上生火呢？这是准备用浓烟把曹操吸引过来呢！诸葛亮让关羽这么做的。

公元 208 年 11 月 21 日下午 4:23

真不可思议，用浓烟还能把曹操吸引过来，莫非曹操的脑子也属于进水类型的。不管了，我正好看个热闹！

5.1　事件类指令概览

Scratch2.0 的指令方块，除了分成运动、外观、声音、事件、控制等十个类别并用不同的颜色加以标识以外，还可以划分成命令型、函数型、触发型和控制型四类，并用不同的形状加以区分（请见图 5-1）。根据指令方块的形状即可看出该指令方块的用法，这种划分方法更为直观。它与前一种按功能划分的十个类别有交叉，例如，运动类指令

一点通

Scratch 指令方块的颜色、形状包含了丰富的信息！请好好辨认一下这些方块哦。

集既有命令型方块，也有函数型方块；事件类方块既有触发型方块也有命令型方块；在控制类指令集合中既有控制型方块也有命令型和触发型方块。

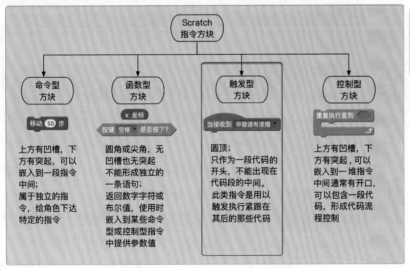

视频讲解

图 5-1　按形状划分 Scratch 指令

事件类别下共有 8 个指令，其中有 6 个属于触发型指令，另外两个属于命令型指令，用法详见图 5-2。

视频讲解

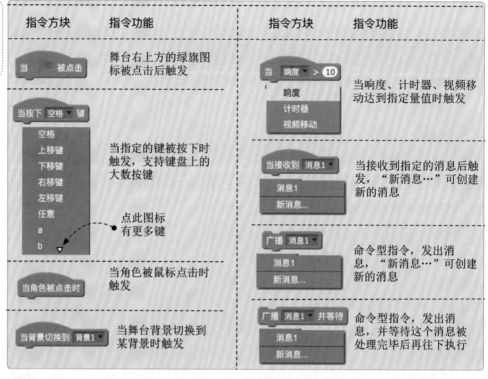

图 5-2　事件类别指令概览

5.2　华容道上的消息机制

接下来用图 5-3 中的一个例程来说明这些触发型指令和消息传递机制是如何工作的（请见本书配套例程之【第 5 章 01_ 华容道 .sb2 】）。

新建一个 Scratch 项目，命名为"华容道"，将默认的角色小猫删除，然后从角色库中选取三个角色，角色名称分别改为："信号""关羽"和"曹操"。该例程的故事背景：当程序启动时，信号气球从初始位置开始升空，当升到空中某个高度时（即 Y 坐标达到某个阀值）广播一个消息，消息名叫"曹操已到华容道"；角色"关羽"接收到这个消息时，说一些台词，然后稍等 5 秒后，广播"华容道有浓烟"这个消息；角色"曹操"接收到"华容道有浓烟"的消息后，说出了三国演义中著名的台词"吾料已定，偏不教中他计！"（请见图 5-3）。

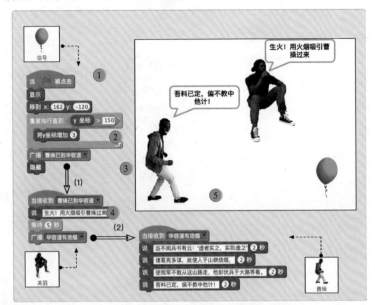

图 5-3　华容道消息传递例程

　　上面例程解说：❶当绿旗被点击后，整个动画程序开始运行，首先是气球信号这个角色显示出来并移动到指定的位置然后开始上升，直到某指定位置（代码里设定的是当 y 坐标达到 150 时）❷广播消息"曹操已到华容道"；接着角色关羽❸当接收到"曹操已到华容道"消息后，执行一些指令，然后广播❹"华容道有浓烟"的消息；最后角色曹操接收到❺"华容道有浓烟"的消息后执行相应的指令。这样，整个过程完全是由事件驱动。

5.3　消息广播与消息处理

　　在 Scratch 的消息机制里，任何一个角色都可以广播消息，一个消息也可以被任何角色同时接收（包括广播消息的那个角色），角色可以决定是否处理这个消息。我们可以为广播的消息命名，虽然任何名字都可以（默认的消息名称通常是"消息 n"，n 为数字），但给消息起一个可理解并与程序密切相关的名字是一

视频讲解

个很好的编程习惯，这样的程序更具有可读性，也更容易维护。

为了进一步学习消息机制，我们再做一个例程（请见本书配套例程之【第 5 章 02_消息机制示例 .sb2】）：新建一个项目，起名为"消息机制示例"，保留默认产生的小猫角色，另外再从角色库中新加入三个角色，这样，我们就有图 5-4 所示的 4 个角色：

图 5-5 示意了本例程的运行机制。角色 Bell 被点击时，触发后面的指令，广播"开始行动"的消息。每个角色（包括广播此消息的 Bell）都接收并处理了这个消息，Bell 播放一段钟声，其余三个角色都分别连续切换造型 10 次，每次之间间隔 0.5 秒，产生一段动画效果。Scratch 通过消息机制，实现了协调多个角色之间的行为。我们还可以采用消息

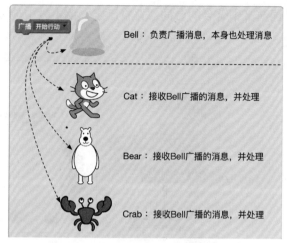

图 5-4　消息机制示例角色说明

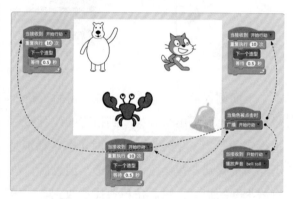

图 5-5　消息机制示例脚本与运行

机制来实现自定义过程（这在 Scratch2.0 之前的版本中也是实现自定义过程的唯一方式），当然，在 Scratch2.0 版本之后有更为简单实用的自定义积木来实现过程和函数的定义，以便将一个庞大而复杂的程序划分为众多简单并容易实现的小过程函数。

一点通

Scratch 中的消息机制由两个方块（或称为指令）来实现，一个是"广播某消息"命令型方块，另一个是"当接收到某消息"触发型方块。

5.4　扩展阅读：华容道

"诸葛亮智算华容，关云长义释曹操"（《三国演义》第五十回），是《三国演义》中脍炙人口的精彩篇章，也是民间广为流传的一个故事。关羽被后世尊为武圣，同时也是忠义英勇的象征。其侠肝义胆的形象与华容道上放走曹操有很紧密的联系。此前，关羽曾与刘备和张飞在一次战役中失散，临时投入曹操阵营。而当时曹操也真的非常器重和赏识关羽。关羽一直念着曹操厚待他的情分，所以在华容道口，将本已人困马乏的曹操及其一众将士全部放走。不过，也有历史学家研究各种史料之后，认为关羽在华容道放走曹操的故事纯属虚构，它只是《三国演义》小说中为了突出关羽忠义的性格而已。你对此怎么看呢？

如果你现在对这些发生在三国时期的许多精彩故事还不熟悉，那也不要紧。建议阅读一下罗贯中所著的《三国演义》吧，这可是中国四大名著之一哦。

6

控制

高卧隆中三分定　神机妙算皆流程

　　到这里我们已经学会结合运动类和外观类指令制作流畅的动画，利用声音类指令弹奏美妙的乐曲，用画笔类指令绘制精确的几何图形，还知道了什么是触发类指令并运用消息机制让多个角色协调相互的行为。但所有这些程序，基本上都是从程序的开始部分一直运行到程序的结束，而现实世界大多数情况下都要分情形处理各种情况。本章将通过学习控制类指令来理解程序流程控制方面的循环机制和决策机制。

本章我们将学会

● 控制类指令概览。

● 角色克隆。

● 选择机制。

● 循环机制。

● 循环与选择的综合例程。

在没有互联网的时代，诸葛亮怎么就能足不出户而知天下事呢？更神奇的是怎么就能预知天下三分呢？

微信(308)　　　　清青老师

公元 207 年 1 月 13 日上午 9:25

河南南阳县隆中

南

玉端□

卧龙岗

卧龙路

老师，我在刘备寻访诸葛亮三顾茅庐的现场！我很想弄清楚当年这个每天在卧龙岗高卧的一介书生，怎么就能足不出户去了解天下大事，要知道那时并没有互联网啊！他怎么就知道未来天下三分呢。

公元 2018 年 6 月 2 日上午 9:55

三顾茅庐、隆中对，这些都是流传千古的精彩故事！像诸葛亮这样的军事天才，能根据当时的形势做出正确的决策，这种决策能力是关键中的关键。

公元 207 年 1 月 13 日上午 9:31

《隆中对》中的决策对我来说有点抽象，我理解起来还有困难，能不能用 Scratch 的事例更形象地解释一下呢？我想试试！

6.1 控制类指令概览

Scratch2.0 编程中的流程控制，主要是由控制型方块来实现的。需要说明的是：当我们说控制类指令时，是指指令面板上划分的运动、外观等十大类别中的控制类别；说控制型方块时，是指按方块形状划分的命令型、函数型、触发型和控制型这 4 个类型中的一种。控制型与命令型等其他类型方块的差别请见图 6-1。

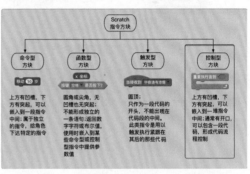

图 6-1 Scratch 按形状划分的指令方块

Scratch2.0 一共有 5 个控制型方块，全部集中在控制类别中。它们又分为决策控制型（又称为条件控制型，请见图 6-2）和循环控制型方块（请见图 6-3）两个小类，分别实现条件决策机制和循环机制。本章

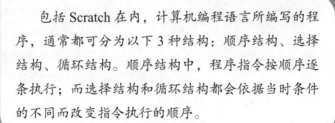

一点通

　　包括 Scratch 在内，计算机编程语言所编写的程序，通常都可分为以下 3 种结构：顺序结构、选择结构、循环结构。顺序结构中，程序指令按顺序逐条执行；而选择结构和循环结构都会依据当时条件的不同而改变指令执行的顺序。

的后续内容会以实例的方式进一步介绍这 5 个控制型指令的用法。

　　如图 6-4 所示，这个方块指令会使脚本运行到此时停顿指定的时长（以秒为单位），有很多情形下需要用到这个指令，这里列举了几个较为常见的用例。

　　如图 6-5 所示，这个方块指令会使脚本运行到此时停顿，直到尖角内的条件满足时才结束等待，继续执行紧跟在该指令后面的指令。以下为两种常见的使用场景。

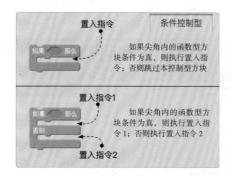

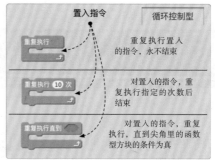

图 6-2　条件控制型指令方块　　　　图 6-3　循环控制型指令方块

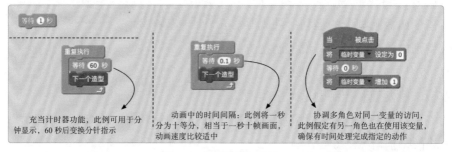

图 6-4　等待指令的用法

图 6-5　在符合某条件之前一直等待

　　图 6-6 中有一个很特殊的方块，因为它是唯一一个会变形的方块。当停止的参数为"全部"或"当前脚本"时，方块的底部是平的；而停止"角色的其他脚本时"，底部是有突起的，成了典型的命令型方块（请见图 6-6（1））。为什么前两者的底部会是平的呢？因为如果停止全部或停止当前脚本的指令被执行后，然后，就不可能有然后啦！它的后面不能再跟随任何指令了；而如果是停止角色的其他脚本，那么当前的脚本仍可以继续往下执行，所以底部是有突起的。图 6-6（2）和（3）示意了这个指令的两个使用案例。

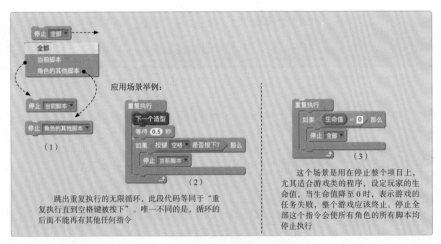

应用场景举例：

跳出重复执行的无限循环，此段代码等同于"重复执行直到空格键被按下"。唯一不同的是，循环的后面不能再有其他任何指令

这个场景是用在停止整个项目上，尤其适合游戏类的程序，设定玩家的生命值，当生命值降至 0 时，表示游戏的任务失败，整个游戏应该终止。停止全部这个指令会使所有角色的所有脚本均停止执行

图 6-6 停止指令方块的用法

假如我们编写的程序中，有大量重复性的角色，例如：孙悟空的花果山，有成千上万个猴子；又譬如，植物大战僵尸，有无数个僵尸，打也打不完；还有，假如开发一个类似于拍电影的小动画程序，画面上有很多群众演员走来走去，这些场景中，是不是要为每一个猴子、僵尸、群众演员创建无数个角色呢？

答案是"不需要！"，Scratch2.0 提供了克隆机制来解决这样的问题，即使这些猴子、僵尸或群众演员形态各异，也只需要创建一个角色（配备多个造型即可），然后通过克隆来产生任意多个与本体一模一样的角色。图 6-7 分别介绍所有与克隆机制相关的三个指令，在本书后续的章节中，我们将会通过实际的例子程序更深入地学习和使用克隆机制编程。

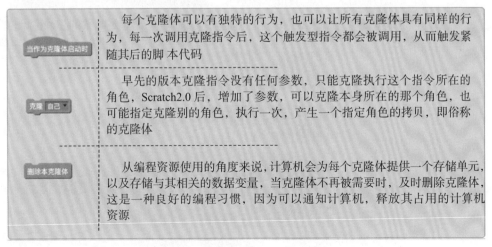

图 6-7 克隆技术三指令用法详解

6.2　我们每天都在做选择

"学校通知，明天如果天气晴朗，五年级的全体学生就一起去科学馆参观学习"。

"爸爸跟我说过，如果我能在机器人大赛获得优胜奖，在我 12 岁生日时我就会得到一个机器人作为礼物"。

"班主任说了，如果这次数学考试班级的平均成绩超过 80 分，全班同学可以一起去参观机器人展览，否则这个星期六所有同学都要到学校里补习数学"。

上述这些都是我们日常生活中经常遇到的情形，其背后都存在一个决策的问题。决策机制也是计算机编程非常重要的一个内容，因为程序往往并不像我们之前学习过的大多数例程那样，从第一条指令开始，按顺序一直执行直到结束，而是常常因各种原因而必须改变其执行的路径。就像现实生活中，为了做成一件事，考虑周详的人总是会准备多个方案，以应对不同的情形：假如出现某种情况，我就会如何如何去应对，如果出现另外的情形，我又将如此这般。

计算机编程，通过"if... else ..."的语句来实现决策机制。Scratch 编程将这种语句制作成了两个标准的指令方块，也即 6.1 节学习过的两个条件控制型指令方块。条件型指令方块，其中尖角内的判断条件是关键。代入尖角内提供参数的方块必须是布尔函数方块，这个布尔函数型方块提供布尔数据之一："是"或者"否"(true or false)。如果用 Scratch 编写脚本程序来描述本节前文列举的三个事例，则如图 6-8 所示。

计算机编程中，为了使设计思路清晰，在脚本代码编写之前，往往先绘制流程图来描述程序的结构和流程。以班级平均分的事例为例，如果绘制成流程图，将

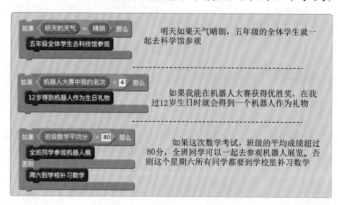

图 6-8　选择机制示例脚本

如图 6-9 所示。

尖角内的判断条件有时远远比上述所举例子复杂，例如，关于数学平均分超过 80 的这个事例,若修改如下。

如果这次数学考试班级的平均成绩超过 80 分但没有达到 85 分、并且没有任何一个学生的分数低于 60；或者虽然存在个别同学不及格的情况，但全班的平均分达到甚至超过 85 分，那么全班同学可以一起去参观机器人展览，否则这个星期六所有同学都要到学校里补习数学。

为了描述这样复杂的条件判断，我们需要学习布尔操作，也叫逻辑操作,它包含三种操作:逻辑与、逻辑或、逻辑非。Scratch 分别用以下三个方块指令对应(属于运算类的方块指令，第九章仍将进一步讨论)，如图 6-10 所示。

一点通

在为每一个项目编写程序前，绘制清晰的流程图。这非常有助于编写出正确解决问题的程序，也能大大减小后期推翻重来的风险。

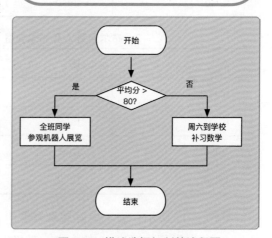

图 6-9　描述选择机制的流程图

图 6-10　逻辑操作指令详解

"逻辑与"和"逻辑或"指令都需要两个参数，这两个参数都是布尔值或结果为布尔值的表达式，假设这两个参数记为 A 和 B，表 6-1 和表 6-2 列举了所有可能的输入组合及其对应"逻辑与"和"逻辑或"操作之后的结果。

表 6-1　布尔变量 A 和布尔变量 B 逻辑与之后的结果一览

A	B	A 与 B
true	true	true
true	false	false
false	true	false
false	false	false

表 6-2　布尔变量 A 和布尔变量 B 逻辑或之后的结果一览

A	B	A 与 B
true	true	true
true	false	true
false	true	true
false	false	false

如图 6-11 所示，为了更好地理解逻辑与的操作，可以打个比方。某人要从河流 01 的左岸到达河流 02 的右岸，且必须从桥上走。河流 01 上建有桥 01，河流 02 上建有桥 02。显然，只有当桥 01 和桥 02 都正常的情况下，可以顺利从河流 01 的左岸到达河流 02 的右岸；只要桥 01 和桥 02 中有一座桥不能正常工作，就无法完成这个跨越两条河流的任务。

这个类比可以很好地解释逻辑与的操作，桥 01 和桥 02 就是前面所引用的布尔值 A 和布尔值 B。桥正常工作即为 true，否则为 false，是否能从河流 01 的左岸到达河流 02 的右岸就是对 A 和 B 进行逻辑与的结果。

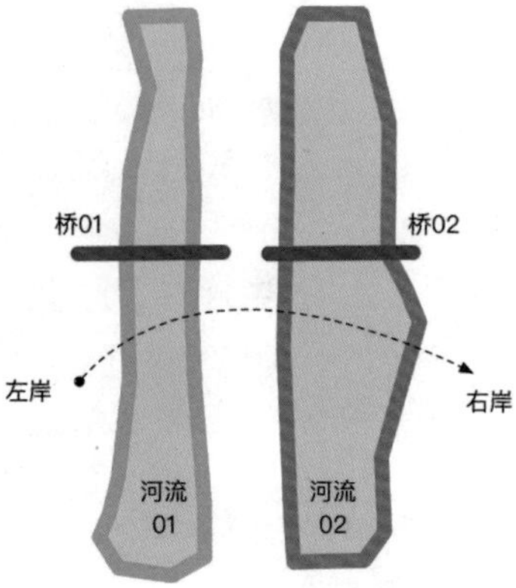

类似地，逻辑或的操作相当于在河流 01 的上面有两座桥，分别是桥 01 和桥 02。这两座桥中只要有一座桥可以正常工作，就可以从河流

图 6-11　过桥类比逻辑与

01 的左岸到达右岸。这里当然包括两座桥都正常工作的情形，如图 6-12 所示。

桥 01 和桥 02 仍是类比前面所引用的布尔值 A 和布尔值 B。桥正常工作即为 true，否则为 false，是否能从河流 01 的左岸到达河流 02 的右岸，就是对 A 和 B 进行逻辑或的结果。

掌握了逻辑操作的理论和方法后，下面这个复杂的条件描述就可用图 6-13 的代码来表示了。

"班级的平均成绩超过 80 分但低于 85 分，并且没有任何一个学生的分数低于 60"或"班级的平均成绩达到或超过 85 分"

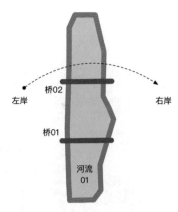

图 6-12 过桥类比逻辑或

图 6-13 用逻辑操作指令描述复杂条件

可见，生活中有太多的情况下，我们自觉或不自觉地使用了布尔变量来决定行动：小到一个人的生活起居，例如早上起来根据当天的气温（气温 >20 摄氏度吗？），要不要多加一件衣服；大到国家之间的合作问题，例如本书的主人公见到三国时期诸葛亮与刘备在隆中进行战略分析，以"天下有变？"来决定是"命一上将将荆州之兵以向宛洛、将军身率益州之众以出秦川"，还是"西和诸戎，南抚彝越，外结孙权，内修政理"（《三国演义》第三十八回）。

上例中，"如果"指令中复杂的条件判断，也可以采用嵌套的"如果"指令来代替（请见图 6-14）。

另外，"逻辑或"和"逻辑非"有时也可以互相替换。例如上例描述"班级数学平均分 ≥ 85"时，采用了"班级数学平均分 >85"或"班级数学平均分 =85"这样的逻辑或操作，其实也可以用一个逻辑非来代替，而

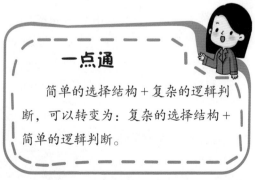

一点通

简单的选择结构 + 复杂的逻辑判断，可以转变为：复杂的选择结构 + 简单的逻辑判断。

且显得更加简洁，即用"班级数学平均分 <85 不成立"来表述（请见图 6-15）。

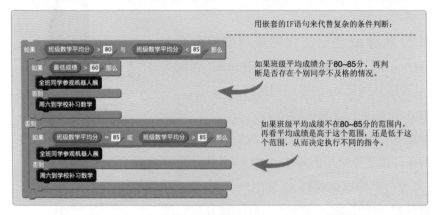

图 6-14　用嵌套的如果指令来替代复杂条件的描述

图 6-15　逻辑或 & 逻辑非的等效关系

6.3　学会用循环机制表达重复发生的事

　　与选择一样，循环也是日常生活中经常碰到的现象。例如日历都从每年的 1 月 1 日开始，直到 12 月 31 日终止，年复一年；太阳每天都从东边升起从西边落下，日复一日；墙上的挂钟，分钟指针从第 1 分钟一直转到 60 分钟，然后又从 1 分钟开始，每个小时都是这样……类似这样的循环事例举不胜举。

　　计算机程序中同样存在着大量的循环工作，例如：计时器工作时，每隔一秒就会将计时器变量累加 1，我们在编辑文档时，文档编辑软件可能每隔一段时间就会把文档内容保存到磁盘上，又比如在使用电子邮件时，邮件客户端软件每隔一段时间就会向服务端查询是否有新的邮件等等。

　　Scratch 编程同样支持循环机制。在 6.1 节中，其实已经用到过循环的指令方块，现在更深入地学习循环机制，如图 6-16 所示。

计次式循环：在确定循环次数的情况下采用，对开口内的脚本代码，执行确定的循环次数。如果循环次数设为一个天文数字般的大数，则相当于无限循环

无限循环：对开口内的脚本代码，无限次循环执行，除非有停止脚本的指令，否则这个循环直到整个项目结束前，都不会终止

条件控制型循环：对开口内的脚本代码，在满足某特定的条件之前，将一直循环执行；如果设定的条件永远得不到满足，则等同于无限循环

图 6-16　循环机制三指令详解

6.4　循环机制——计次循环

计次循环特别适合用于已知循环次数的情形，例如：画正多边形，由于画每一条边的指令集合都是类似的，而正多边形有多少条边就需要执行多少次画一条边的组合指令，对比下面使用循环和不使用循环的代码。

画正多边形是计次循环的一个典型应用，图 6-17 左边的代码，如果画的正多边形边数较多时，例如画正 20 边形，那将需要有 40 个指令与之对应（不包括落笔指令），而右边采用计次循环的指令，却不会增加哪怕一行指令，只需要修改相应的参数即可，因此，计次循环的优势非常明显。

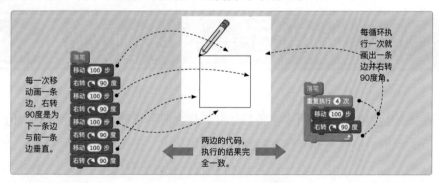

图 6-17　计次循环举例

6.5 循环机制——无限循环

程序开发过程中——也有很多情形下需要使用无限循环，例如：让游戏或动画始终播放一段背景音乐、射击游戏中敌机中的敢死队飞机始终飞向玩家的飞机、游戏场景中的一些装饰性的动画等，以下是一些代码片段示例如图 6-18 所示。

无限循环播放背景音乐，一曲播放结束后，又重新开始，永不结束，直到项目终止，或有某处调用停止指令

始终朝着角色"玩家飞机"移动，如影随形

制造出一幅永不停止的动画，这种应用场景，通常用以游戏和动画中增加视觉效果

图 6-18　无限循环举例

一点通

一般来说，人类很不喜欢做重复的事；而计算机却特别擅长重复工作。

6.6 循环机制——条件控制型循环

条件控制型循环适合用于在某条件被满足之前一直循环执行的情况，生活中也常有类似的情形呢。你有没有听到过父母跟你说"孩子，给我待在家里，直到爸爸回到家里"或"你可以一直 Scratch 编程，直到所有的同学都回到教室"。这里"爸爸回到家里"是结束"待在家里"这个循环的条件；"所有的同学都回到教室"是结束"Scratch 编程"的条件。由于这些条件并不是确定的数字或时间，它就不可能提前获知循环的次数，因此不适合使用计次式循环。另外，它有结束的条件，因此也不适合使用无限循环。所以，条件控制型循环是循环机制中很重要的一部分，如图 6-19 所示。

图 6-19 条件循环举例

有趣的是，条件控制型循环中，如果用以结束循环的条件永远都不能被满足，那么条件控制循环实际上就成了无限循环。例如，下面 6-20 中的这个条件循环其实际是无限循环，因为 0=1 这个条件永远都不会成立。

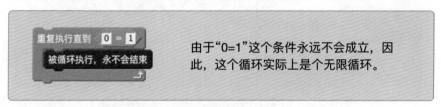

由于"0=1"这个条件永远不会成立，因此，这个循环实际上是个无限循环。

图 6-20 条件循环也可能是无限循环

6.7 用一个例程彻底弄清循环与选择机制

设想有一个圆球，从坐标原点向右上方（即朝 45 度角方向）出发，只要碰到舞台的边缘就反弹，并且永远不会停下来；小球运动过程中沿轨迹画线，当小球处于坐标系的第一象限、第二象限、第三象限、第四象限时分别用不同的颜色画线。要实现所述的例程，必然用到循环机制和选择机制（请见本书配套例程之【第 6 章 01_ 流程控制 .sb2 】）。由于我们现在对新建工程和新建角色这些基本操作都已比较熟悉，这个过程就不再赘述，只讲解代码实现和程序运行的结果，如图 6-21 所示。

这个例程中，无限循环会一直运行，除非停止整个项目，否则永远不会结束。循环结构内部有三重嵌套的 if 语句，用来检测小球当前所处的位置是在坐标系的哪一个象限，以决定画笔的颜色和粗细。这段代码运行的最终结果是坐标系的四个象限用四种不同的颜色填充。

视频讲解

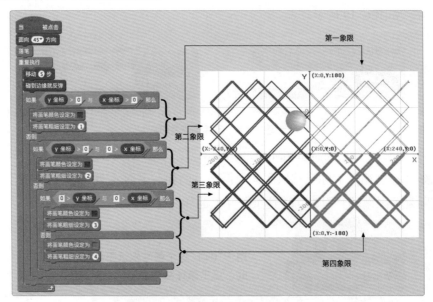

图 6-21　一个综合例程演示两种机制：循环与选择

本章首先学习了控制类的 11 个指令方块的特性和用法，了解了 5 个控制型指令，用以实现计算机程序中的选择机制和循环机制；介绍了 3 个与克隆相关的指令，知道了克隆技术可以用在大型的游戏软件开发中制造同一角色的不同拷贝；接着深入学习了选择机制和循环机制，在选择机制中还了解和掌握了逻辑操作中的 3 种逻辑操作，并知道这是选择机制中的关键因素，复杂的逻辑操作可以使用嵌套式的 if 语句来代替；在循环机制中，学习了 3 种循环即计数式循环、无限循环和条件控制型循环；最后通过一个综合例程同时运用了循环机制与选择机制，懂得如何综合运用学到的控制型指令来解决实际问题。

6.8　扩展阅读：隆中对

"自董卓造逆以来，天下豪杰并起。曹操势不及袁绍，而竟能克绍者，非惟天时，抑亦人谋也。今操已拥百万之众，挟天子以令诸侯，此诚不可与争锋。孙权据有江东，已历三世，国险而民附，此可用为援而不可图也。荆州北据汉沔，利尽南海，东连吴会，西通巴蜀，此用武之地，非其主不能守，是殆天所以资将军，将军岂有意乎？益州险塞，沃野千里，天府之国，高祖因之以成帝业。而刘璋暗弱，民殷国富，而不知存恤，智能之士，思得明君。将军既帝室之胄，信义著于四海，总揽英雄，思贤如渴，若跨有荆、益，保其岩阻，西和诸戎，南抚彝越，外结孙权，内修政理；待天下有变，则命一上将将荆州之兵以向宛洛，将军身率益州之众以出秦川，百姓有不箪食壶浆以迎将军者乎？诚如是，则大业可成，汉室可兴矣。此亮所以为将军谋者也，惟将军图之。”

7

侦测

运筹帷幄凭侦测　诸葛安居平五路

　　我们已经学习了单角色如何运动，如何更换造型，如何播放声音甚至演奏音符，如何利用角色内置的画笔绘画；也学会了多角色之间如何通过消息机制互相协调行动。在第6章，还学到了计算机程序最核心的内容，即流程控制，懂得了选择机制和循环机制，并用流程控制来巧妙地描述和解决现实中的问题。

　　但我们不免还存在很多的疑问，例如：游戏的最重要特征是角色与玩家的互动，即人机交互，怎样实现 Scratch 程序中的角色与玩家之间的交互呢？选择机制和循环机制的流程控制，都要基于条件的判断。设想在编写一个射击游戏，如何判断飞速射出的子弹是否击中了同样在快速移动中的敌机呢？本章就让我们一起来寻找这诸多疑问的答案！

本章我们将学会

● 侦测类指令的用法。

● 人机交互例程。

● 角色之间的交互。

● 完整例程演示。

诸葛看似在看鱼，实际在思考击退五路大军的对策。退敌的关键，除了诸葛亮神鬼莫测的智慧之外，也依赖于准确的军事情报啊！

7.1 侦测类指令概览

Scratch 的侦测类指令集，有大量检测外界输入的指令方块，例如：检测鼠标键是否被按下，键盘键是否被按下，角色是否碰到了某种颜色，某移动中的角色实时的坐标值是多少，等等。这些指令，是实现角色之间交互以及人机交互的关键。Scratch2.0 一共提供了 16 个函数型侦测方块，表 7-1 详细列举了这 16 个函数型方块的特性和用法。

一点通

如果把第 6 章控制类的指令比作负责决策的司令部门，那么侦测类的指令就可以看作是为司令部门提供各种信息的情报部门。

表 7-1 侦测类函数型指令一览

指令方块	指令功能
碰到 鼠标指针 ? 鼠标指针 边缘	检测当前角色是否碰到鼠标指针或舞台边缘，是则返回 true，否则返回 false（以下布尔型函数均如此）
碰到颜色 ■ ?	检测当前角色是否碰到某颜色块，单击颜色块后鼠标指针变成手指形状，然后在屏幕上选取希望设置的颜色即可
颜色 ■ 碰到 ■ ?	检测屏幕上某两种颜色是否相互触碰，点击颜色块后鼠标指针变成手指形状，然后在屏幕上选取希望设置的颜色即可
到 鼠标指针 的距离 鼠标指针 Mouse1	获取当前角色中心点到鼠标指针或另一个角色的距离
按键 空格 是否按下?	检测键盘上的某键是否被按下，单击下拉键可显示更多的按键。这个判断经常用在使用键盘来操作程序中某个角色的行为上面。例如，通过上移键、下移键、右移键、左移键这四个方向键来控制角色在屏幕上的移动。
鼠标键被按下?	检测鼠标键是否被单击
回答	询问指令后，获取文本框中的字符串 询问 What's your name? 并等待 Elon Musk ✓
鼠标的x坐标 鼠标的y坐标	获取当前鼠标指针所在的 x 坐标和 y 坐标

续表

指令方块	指 令 功 能
响度	获取当前外界的声音响度值（通过麦克风）
视频 动作 对于 当前角色	获取当前外界的动作（通过摄像头）
计时器	获取计时器的时间相对于上一次 计时器归零 之后的时间
目前时间的 分	获取当前的时间，西元纪年法的年、月、日、时、分、秒等
自2000年至今的天数	获取当前日期相对于 2000 年 1 月 1 日的天数
用户名	获取当前正在运行本例程的用户名

除了 16 个函数型指令以外，侦测类指令集中还有以下 4 个命令型指令，如表 7-2 所示。

表 7-2 侦测类命令型指令一览

指令方块	指 令 功 能
碰到 鼠标指针 ? / 鼠标指针 / 边缘	当前角色出现说话气泡，同时在舞台下方出现输入框等待用户输入，用户输入的内容记入函数型指令 回答 中。
碰到颜色 ?	操作摄像头，可将摄像头打开、关闭，或以左右翻转的模式开启，开启后，摄像头所拍摄到的实时场景将出现在舞台区内。
颜色 碰到 ?	设置摄像头的透明度，数据范围 0~100；0 为完全不透明，这时摄像头拍摄到的景象完全占据整个舞台区；100 为全透明，这时舞台上原有的画面不会被摄像头的视频所影响，介于 0~100 为部分透明，这时舞台原有画面与摄像视频混杂在一起。
按键 空格 是否按下? / 空格 / 上移键 / 下移键 / 右移键 / 左移键 / 任意 / a / b	设置函数型指令 计时器 为零，在开始每一段计时类的程序之前常调用此指令将计时器清零。

7.2 大白和你打招呼

本章刚开始，我们曾提出过疑问：如何做一个 Scratch 程序，让其中的角色可以与玩家（用户）之间交互？我们现在就可以从一个简单的人机对话程序开始。

新建 Scratch 项目，取名为"大白打招呼"，删除默认产生的角色小猫，从角色库中选取"bear2"为此项目的唯一角色。此角色有两个造型，一个立正站立的姿态，一个是挥手示意的姿态，正适合用作打招呼的形象。

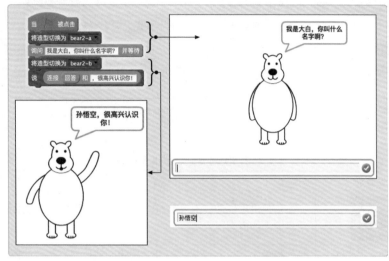

图 7-1 人机交互例程之大白打招呼

　　整个项目的脚本代码很简单，角色先以初始的站立造型，询问"你叫什么名字啊？"。这时，屏幕会停留在图 7-1 右半部分的界面上，等待用户的输入。用户完成输入后，输入的字符串就被记录在"回答"这个函数型指令方块中，角色切换成挥手致意的造型，说"××××，很高兴认识你！"（请见本书配套例程之【第 7 章 01_ 大白打招呼 .sb2 】）。

　　就这样，用户就与程序中的角色有交流啦！这个例子虽然简单，但人机交互的原理都在其中了：电脑程序需要侦测用户的输入。这个输入可能是一段字符串，也可以是键盘上的一个键值，或是鼠标的点击，还有可能是输入一段音频、视频等信号。程序获取这些侦测到的信息后，对信息做出响应，从而实现人机交互。

　　机器人的工作原理也是如此，只不过现代机器人身上安装的传感器更多，能侦测到的信息也更丰富。例如，行走中的机器人，如果安装了超声波传感器，就可以侦测到周围的障碍物，进而改变自己的行进路线，这样，机器人在夜间一样可以正常行走而不会碰到障碍物。从这一点来说，是不是比人类还厉害呢？

7.3　开飞船如此简单

很多游戏都会有玩家驾驶飞机、飞船、汽车或玩家的替身等现象，这也是一个常见的人机交互场景。让我们一起来体验一下操纵飞船的感觉。新建一个 Scratch 项目，命名为"驾驶飞船"，删除默认生成的角色小猫，从角色库中选取"spaceship"这个角色，然后对这个本项目中的唯一角色进行编程，脚本代码如图 7-2 左侧所示。当绿旗被点击开始执行，先将

一点通

用侦测类指令感知用户的输入；用控制类指令确定程序执行的流程，这就是人机交互程序中最基本也是最核心的部分。

角色的大小设定为原大小的一半，然后就进入一个无限循环。循环中有 4 个 if 语句，每个 if 语句各检测一个事件：就是分别检测上移键、下移键、右移键、左移键是否被单击，如果被单击，则相应地改变其 x 坐标或 y 坐标的值。这样，就实现了玩家用四方向键操纵角色飞船的功能。这段代码，在实际的游戏和动画开发中经常被使用。（请见本书配套例程之【第 7 章 02_ 驾驶飞船 .sb2】）

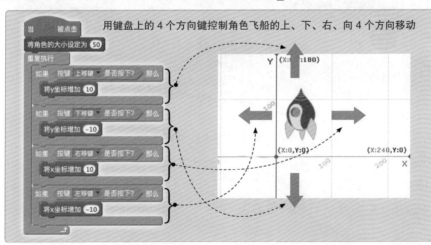

视频讲解

图 7-2　人机交互例程之四方向键控制飞船

前面我们已了解到，人机交互的途径并不仅限于键盘、鼠标，还可以通过声音、视频信息等。现在有很多智能手机都配备了软件机器人，例如 iPhone 手机上的 Siri，用户只需向 Siri 说出请求，手机就会执行相应的指令，这是因为 iPhone 不仅采集到了语音，还配备了语音识别的功能。Scratch 本身并不带语音识别，但至少可以采集到周围噪音的强弱，并通过侦测类中的函数型方块来获取。当该方块左侧的复选框被选择的时候，舞台区将出现该变量的监测窗口，可以实时观测到周围的响度值。利用响度值的这个特性，Scratch2.0 提供的教程中，有一个项目叫 SoundFlower，就是根据这个响度值来改变它的 Flower 的形状，图 7-3 所示的是它的主要脚本和表现（请见【Scratch 教程 _SoundFlower.sb2】）。

视频讲解

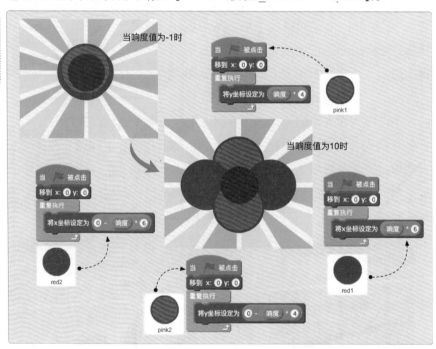

图 7-3　人机交互例程之 SoundFlower

SoundFlower 项目中，代表 4 个花瓣的 4 个角色：red1、red2、pink1、pink2。角色的坐标位置直接与响度值相关，当外界的噪音越大，这 4 个花瓣张得越开，响度值不断变化，花瓣的位置也不断改变其位置，故名为 SoundFlower，很形象。

7.4　角色合作——飞船穿越陨石阵

侦测类指令不仅能侦测键盘、鼠标、音频、视频输入以实现人机交互，同时还能侦测角色与角色之间是否触碰来实现角色之间的交互。在第五章中学习过以消息机制来实现多角色之间的行为协调，这两者并不矛盾，而是相互合作的。因为实际使用中，侦测到的信息常常作为广播消息的触发条件。例如侦测到角色

一点通

　侦测类指令不仅可以感知用户的输入，也能让角色感知其他角色的存在（坐标、颜色）。

A 碰到了角色 B，就广播一条消息，以便所有关心这个事件的角色去做相应的处理。

假设我们要开发这么一个射击类游戏，用户驾驶着飞船（如 7.3 节的例程），每按一次空格键，飞船就会发射一颗导弹，为了防止导弹过于密集，两次发射之间需要有一小段时间间隔例如 0.1 秒，这在游戏开发中被称为"冷却时间"。由玩家驾驶的飞船要穿越一个陨石阵，飞船如果碰到陨石就会受损；如果导弹击中陨石，被击中的陨石就会消失，玩家就可以得分。在这样的陨石阵中，如果玩家飞船能坚持 2 分钟不被陨石击中，就能顺利穿越陨石阵，赢得游戏的胜利。

从上面的游戏描述来看，要解决如下一些关键的问题。

●如何知道导弹击中了陨石？

●如何确定飞船被陨石撞上？

●大量的陨石该如何生成？

●玩家飞船的导弹角色该如何处理？

●即使考虑冷却时间，同一时刻仍有多颗导弹在舞台上，这该如何处理？

●如何给游戏加分？

●如何知道飞船已经在陨石阵中飞行了 2 分钟？

为了确定导弹是否撞上陨石或陨石是否击中飞船，只需要调用侦测类的"碰到某角色？"这个函数型指令即可。这个指令返回布尔值 true 或 false: true 表示

碰到了，false 表示没有碰到。陨石和导弹都有很多个拷贝会同时出现在舞台上，我们并不需要为每一份拷贝创建一个单独的角色，而是采用第 6 章控制类指令中的克隆技术，通过本例可以学习到如何使用克隆指令。给游戏计分，这里需要用到变量，本章暂时先不实现这个功能，在第 8 章讨论变量时我们给本例程加上计分功能。如何确定飞船已在陨石阵中飞行了指定的时间呢？很简单，使用本章侦测类指令将计时器清零和获取计时器时间即可实现。接下来我们就一起来实现所描述的功能。

第一步，新建一个 Scratch 项目，命名为"飞船穿越陨石阵"，同时删除默认生成的小猫角色，如图 7-4 所示。

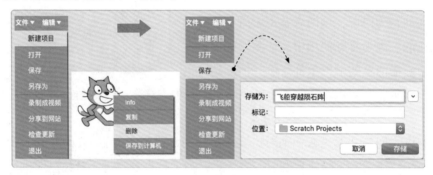

图 7-4　飞船穿越陨石阵之新建项目

第二步，从角色库中选取三个角色：Spaceship、Ball、Rocks。分别代表玩家飞船、导弹、陨石，并将这三个角色改名成对应的名字，如图 7-5 所示。

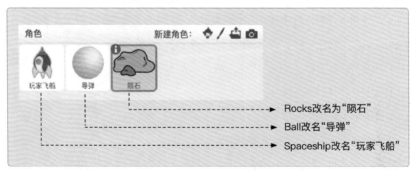

图 7-5　飞船穿越陨石阵之新建角色

第三步，为玩家飞船、导弹和陨石这三个角色编写脚本。玩家飞船：需响应用户四个方向键朝上下左右四个方向移动,这个代码在本章的图 7-2 中已有描述,这里不再重复。当玩家飞船被陨石撞上时，需要播放一段特效动画，并扣分，但这涉及变量的使用，留待第 8 章改进。所以玩家飞船的代码暂时只限于控制飞船沿 4 个方向飞行。导弹的本体应该隐藏，当玩家按下发射键（这里定义为空格键，因为空格键是键盘上面积最大的一个键，比较容易按到这个键，用来作为发射扳机最为合适），则克隆一个导弹。但如果光是克隆，导弹是不会有任何动作的，它只是在本体的位置，而且如果本体被隐藏，克隆体默认也是隐藏的，必须在"当作为克隆体启动时"这个触发型指令下方编写脚本，导弹才会有相应的行为，具体编程见图 7-6。

视频讲解

> **一点通**
>
> 　　一个角色只有一个本体，但一个本体可以克隆出无数个克隆体。如果在"当作为克隆体启动时"这个触发型方块内编写的脚本没有区分是哪一个克隆体，则所有克隆体的行为都是一样的；区分克隆体个体的方法是在调用克隆指令时记录下序号，以序号来识别它。

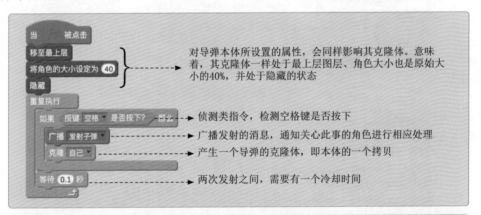

当 ▢ 被点击
移至最上层
将角色的大小设定为 40 ⟩⟶ 对导弹本体所设置的属性，会同样影响其克隆体。意味着，其克隆体一样处于最上层图层、角色大小也是原始大小的40%，并处于隐藏的状态
隐藏
重复执行
　如果 按键 空格 是否按下？ 那么 ⟶ 侦测类指令，检测空格键是否按下
　　广播 发射子弹 ⟶ 广播发射的消息，通知关心此事的角色进行相应处理
　　克隆 自己 ⟶ 产生一个导弹的克隆体，即本体的一个拷贝
　　等待 0.1 秒 ⟶ 两次发射之间，需要一个冷却时间

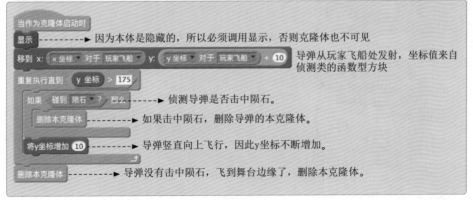

当作为克隆体启动时
显示 ⟶ 因为本体是隐藏的，所以必须调用显示，否则克隆体也不可见
移到 x: x坐标 对于 玩家飞船 y: y坐标 对于 玩家飞船 + 10 ⟶ 导弹从玩家飞船处发射，坐标值来自侦测类的函数型方块
重复执行直到 y坐标 > 175
　如果 碰到 陨石 ？ 那么 ⟶ 侦测导弹是否击中陨石。
　　删除本克隆体 ⟶ 如果击中陨石，删除导弹的本克隆体。
　将y坐标增加 10 ⟶ 导弹竖直向上飞行，因此y坐标不断增加。
删除本克隆体 ⟶ 导弹没有击中陨石，飞到舞台边缘了，删除本克隆体。

图 7-6　飞船穿越陨石阵之导弹脚本

对于陨石，它的运动方向与导弹正好相反。导弹竖直地向上，而陨石则从舞台的上方进入屏幕，代码见图 7-7。为了让陨石更逼真，每一块陨石的大小应该有些差别。因此，在克隆体启动时，对每一个克隆体的大小要设定一个随机数，这个随机数会在第九章中进一步学习。其出现的位置，y 坐标可以固定，因为都是从舞台上方出现，但 x 坐标则取随机数。这样，每一个克隆体出现的位置就会有变化。陨石在飞行的过程中，有可能碰到导弹，也有可能撞击飞船。对陨石来说，碰到导弹或撞击飞船都是一样的处理，但对整个游戏来说其结果就可能不一样，因为被导弹击中，是加分的，而撞击飞船则是减分的。所以应该分开这两种情形来分别处理，代码见图 7-8。

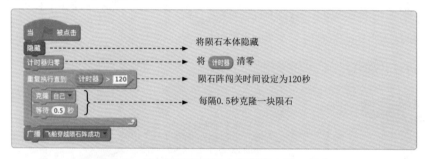

图 7-7　飞船穿越陨石阵之陨石脚本第一部分

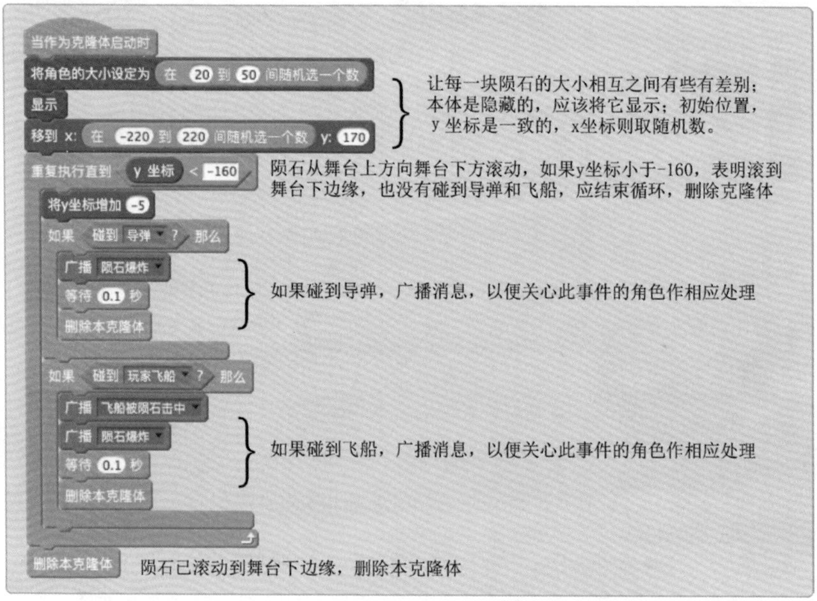

图 7-8　飞船穿越陨石阵之陨石脚本第二部分

这样，就开发出一个比较完整的小游戏了，涉及了人机交互，即游戏玩家可以控制游戏中的角色。角色之间存在互动，例如导弹与陨石、陨石与飞船之间也有交互。有了定时器计时，游戏有正常结束的时间，这些都是游戏的重要特性。图 7-9 示意了本例程运行过程的样子。（请见本书配套例程之【第 7 章 03_飞船穿越陨石阵 .sb2】）

图 7-9　飞船穿越陨石阵运行图

请尝试对飞船穿越陨石阵的例程做一些改进，包括以下几点。

1. 为本例程增加循环播放的背景音乐；

2. 发射一颗导弹即播放一个音效；

3. 导弹击中陨石时，陨石有爆炸的特效，同时发出爆炸音效；

4. 飞船被陨石击中后，有一段抖动并闪烁以表明飞船受到损伤的特效；

5. 陨石从舞台上方向下滚动的过程中，增加陨石自身旋转的效果；

6. 增加一幅循环滚动的背景图，来代替现在的白色背景；

7. 增加计分功能；

8. 给玩家 3 条生命值，如果被陨石击中三次，则任务失败；

以上这些改进建议中，前 6 条都可以用我们此前学习过的声音和外观等类别的指令来实现,而第 7、8 两条需要用到变量,我们将在第 8 章学习。另外,本例程,在本书的第十四章,还会进一步改进,以实现一个更加完整的、更激动人心的星际飞船游戏。

小结

本章首先学习了侦测类的 20 个指令,包括 16 个用以提供所侦测到的各种数据的函数型指令和 4 个命令型指令（一个用以向用户询问并等待用户回答的指令、两个操作摄像头的指令和一个操作计时器的指令）。了解到侦测类指令可以为控制类指令或其他类别的指令提供布尔值或数值作为参数,以此来实现用户与 Scratch 中的角色互动的人机交互机制,以及实现多角色之间的交互。本章通过多个例程加深了对这种人机交互和角色交互的理解,最后从零开始开发了 “飞船穿越陨石阵” 的完整游戏,为将来开发更大型更复杂的程序打下基础。

7.5   扩展阅读：诸葛安居平五路

诸葛亮凭借其自身的军事天才和非常发达的情报资讯,在自己家中,一边观鱼,一边悠闲地退去了前来攻打蜀国的五路兵马,当时的诸葛丞相的退兵之策如下。

第一路,羌族 10 万羌兵,叫马超去镇守。因为马超被他们称为神威大将军,必然退兵。

第二路,蛮王孟获 10 万蛮兵,叫魏延去,左出右入,右出左入,故作疑兵,孟获必然怕中埋伏,一定会退兵。

第三路,叛将孟达所领 10 万魏兵,李严和孟达是生死之交,叫李严修书一封,送与孟达,孟达必然托病不出,这一路也平了。

第四路,魏大将军曹真领兵 10 万,叫赵云坚守不战,等他粮草耗尽,自然会退兵。

第五路,吴王孙权,未出兵,只会观望前面四路,四路若胜他会出兵,四路若退他必不出兵。只不过需要一能言善辩之人前往游说。

所以,运筹帷幄一方面要有过人的军事才能,另一方面还需要及时侦测到各路消息，两者缺一不可。这就如第6章和本章学习到的编程知识一样，第6章控制类的指令负责发号施令，即负责运筹帷幄；而本章的侦测类的指令负责提供精确而详尽的情报，以帮助控制类指令做出正确的决策，如图7-10所示。

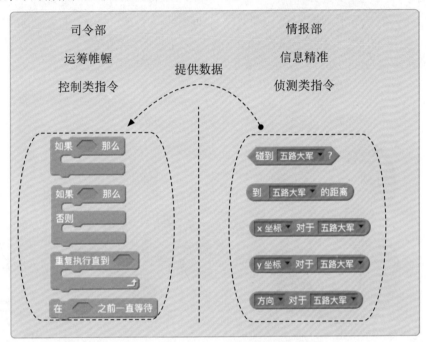

图 7-10　控制类指令与侦测类指令的关系类比

8

变量

梦溪笔谈实非梦　　活字印刷真是活

第 7 章提出了一个问题，就是游戏中一般都有一个计分板，用来表示当前玩家的得分情况，这个分值时刻都可能发生变化。还有另外一些情形，例如，用 Scratch 制作一个通讯录一样的软件，里面记录了很多联系人的名字、电话号码、通讯地址等，但是联系人的信息有可能发生变更，有时又可能新认识一些朋友，需要把新朋友的信息记录在以前的通讯录上。以上这些情况，如果只采用我们此前学到的知识，好像找不到有效的解决办法。

其实这些问题，都可以使用"变量"来解决。无论是分值也好，还是通讯录中的联系人信息也好，都有两个共同的特征：一是经常可能发生变化；二是随时要存入或取出。本章，我们将学会应用变量来解决这些问题。

本章我们将学会

●普通变量及其指令集。

●变量的原理。

● Scratch 支持的数据类型。

●列表变量及其指令集。

印刷术是中国四大发明之一，活字印刷取代雕版印刷是印刷术的重大进步，活字印刷常常让我联想到 Scratch 中的变量。

微信(308)　　　　　清青老师

公元 1090 年 4 月 08 日上午 9:52

公元 2018 年 6 月 1 日上午 10:42

老师，我现在到了北宋著名科学家沈括的家里，梦溪园是沈括撰写被誉为古代科技第一百科全书《梦溪笔谈》的地方。前面凉亭中躺卧着休息的老先生就是沈括本人！

公元 2018 年 6 月 3 日上午 6:38

《梦溪笔谈》中记述了活字印刷术的发明；活字印刷是把每个字做成一个小方块，然后把一个个小方块排列在一起后进行印刷，若发现有错字，只需要把对应的字块替换掉就好了。这一点，与你在本站将学习到的变量对编程的作用有异曲同工之妙呢！

8.1　普通变量及其指令集

视频讲解

在指令面板上，选择"数据"这个类别，在尚未建立任何变量的情况下，指令面板上并没有任何指令，但可看到两个按钮，一个是建立一个变量，另一个是建立一个列表。本节先来学习建立一个变量，相对于列表变量来说，我们可以称之为普通变量。请见图 8-1。❶点击"建立一个变量"将弹出新建变量的对话框，给变量起一个名字，以便脚本程序引用这个变量，对话框下半部有两个单选选项，分别是"适用于所有角色"和"仅适用于当前角色"，如果是前者，表示这个变量在整个项目的任何角色（包括舞台）内都可以使用这个变量（为变量赋值和获取变量所存储的值）。❷新建变量成功后，在指令面板上将出现 5 个指令方块，其中包括一个以变量名称显示的圆角矩形方块和 4 个命令型方块，这些方块的具体含义和用法见图 8-2 和表 8-1。❸以变量名称显示的圆角矩形方块是典型的函数型方块，方块左侧有一个复选框，如果将复选框选中，舞台区将显示该变量的监视窗口，这样可以查看变量当前值。

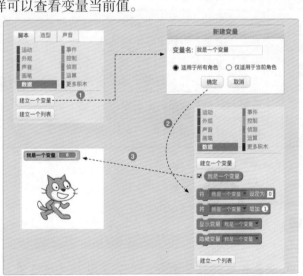

图 8-1　新建一个普通变量的过程

如果建立了多个变量，则指令面板会新增更多以变量名称显示的圆角矩形方块，但命令方块数量仍然保持为 4 个，只是在命令方块接收的参数中的下拉框内，增加了所有变量的条目，使这 4 个命令方块指令可以操作任何一个变量，如图 8-2 所示。

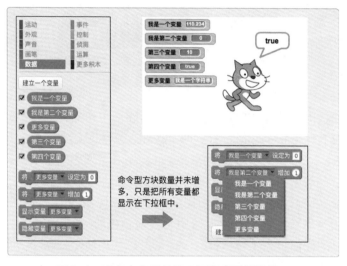

命令型方块数量并未增多，只是把所有变量都显示在下拉框中。

图 8-2　有多个变量的情况下指令面板的显示

表 8-1　数据类指令概览

指令方块	指令功能
我是一个变量	函数型指令，返回变量的当前值
将 我是一个变量 设定为 100	给变量赋值，赋值的数据类型可以是数字、布尔值或字符串，如果有多个变量，可在下拉框内选择
将 第三个变量 增加 10	在原有变量值的基础上，增加一个数值，当原有变量是字符串时，此指令将产生无效数据（显示为 NaN，即 Not a Number 的意思）。
显示变量 第四个变量	在舞台区打开变量的监视窗口
隐藏变量 第三个变量	关闭变量的监视窗口

一点通

　　变量有全局变量和局部变量之分：全局变量就是所有角色均可访问的变量，而局部变量是只在定义此变量的角色内可见的变量。不同角色内的局部变量可以使用同样的名字而不冲突，而多个全局变量之间则不能重名。

8.2　变量的原理

现在我们虽然知道了如何建立一个变量，而且也懂得了与变量相关的 5 个指令的含义和用法，但对于为什么要使用变量可能还是存在一些疑问。现在就从变量的基本原理出发，去弄清楚变量为什么在程序开发中如此重要。

假设现在正在进行一场精彩的篮球比赛，我们都坐在比赛现场。由于这场比赛在比较偏远的地区进行，当地的计算机技术尚没有那么发达，比赛双方的比分只能使用图 8-3 所示的纸质记分牌，由专门的人员根据比赛情况将记分牌上的数字正确显示给所有观众。图中左边红色字体的数字代表 A 方球队的得分，右边黑色字体的数字代表 B 方球队的得分。

随着比赛的进行，A、B 两球队的得分交替上升，比分胶着，比赛精彩纷呈。更精彩的是，这个记分牌其实足以说明计算机编程中变量的实质。接下来详细说明。

图 8-3　记分牌演示变量模型

在比赛刚开始时，双方的得分均为 0；在球赛进行过程中，参赛双方两球队的得分随时都可能发生变更；当一方球队得分后，首先看一下原来的得分是多少，然后在此基础上增加相应的得分。

上述过程非常直观、容易理解，它实质上具备了变量的特征：一是可以随时改变其数值，二是具有记忆功能，可以随时获取其数值。这两个特征合而为一的话，就是具备随时存取的特征。

我们可以用 Scratch2.0 编程来模拟这个过程。首先建立两个变量，分别对应 A 方球队和 B 方球队的得分，取名为 A 方球队得分、B 方球队得分，程序刚开始时设置两个变量的初始值为 0；然后进入循环，循环的结束条件是比赛结束（此结束条件本例暂时忽略）。循环中等待用户按下空格键，每按一次空格键，代表 AB 双方某一方得分（可以通过随机数来控制），于是改变相应变量值，再用角色"说"的方式将比分显示在舞台上（请见本书配套例程之【第 8 章 01_ 记分牌模拟 .sb2】）。

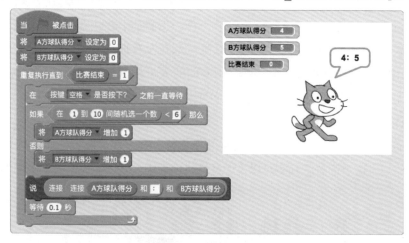

图 8-4　记分牌模拟

如果我们的记忆力足够好，其实可以不依赖记分牌。它的过程实际就是在人的大脑中有比赛分数这个变量，然后在比赛双方每一次有得分时，及时在大脑中更新分数变量的数据。事实情况是，由于分数变化比较频繁，我们经常会忘记当前的准确比分是多少，而不得不借助记分牌来获得最新的比分，记分牌就是具有记忆能力的变量。

变量在计算机中的工作过程是这样的：在计算机的大脑（即内存）中开辟一块区域，用来存储比分数据，为了存入和取出比分数据，计算机需要一个名字来标识这块存储区域。可以打个比方，计算机的内存就像一大片居住小

一点通

变量表面上是一个名字，其实质是存在于计算机内存中的一块区域。变量名字对应于内存的这块区域。往这块区域写入数据，从这块区域读出数据，这两个操作就是对变量的访问。计算机通过变量名来找到这块区域进行读写操作。

区，给变量开辟出来用以存储数据的区域。就像小区里的一栋栋住宅，变量名字就是住宅的详细地址。就像我们为了找到某栋住宅，必须要有详细地址一样，为了将数据存入内存中的某个区域或从这个区域获取数据，也需要有这个区域的标识（变量名称）。图 8-5 中示意了内存中的变量，变量的名字叫"分数变量"当前在此变量中存储的数据（变量值）是"4"。

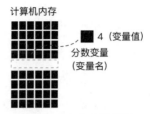

图 8-5　内存中的变量

　　回想此前学习过的运动类、外观类、声音类和侦测类的方块指令集合，其实都包含有"函数型指令方块"。这类方块在计算机中其实也是一个变量，例如图 8-6 所示的几个变量均为 Scratch 内置的变量。

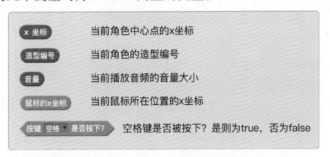

图 8-6　Scratch 内置变量举例

一点通

　　Scratch 指令方块中的函数型方块（圆角或尖角形状的方块），实际上也是 Scratch 内置的一种变量。

8.3　Scratch2.0 支持的数据类型

　　正因为变量在程序中如此重要，所以任何一种编程语言，都必定存在变量的存储和访问的指令，Scratch 编程当然也不会例外。而变量中存储的数据可能有多种多样，例如 100、I'm a string、true、3.1415926，这些内容都可以存入变量。但因为其数据类型的不同，在计算机内存中的存储方式也是不同的。编程语言要能处理各种各样的数据，就必须支持相应的数据类型。计算机编程中，在声明变量（scratch 编程中称为"建立变量"）之前，通常要提前表明这个变量属于什么数据类型，计算机一般将数据类型划分为整数型、浮点型、字符型、字符串型、布尔型等。

Scratch 为了让数据处理简单化，避免开发者操心数据类型的事，悄悄地帮助用户处理好了数据转换的问题。但作为开发者，了解 Scratch 处理数据转换的过程，仍然是很有必要的。

Scratch 将数据类型简化为三种：数值型、字符串型、布尔型。数值型包含了整数型、浮点型，能够统一处理整数、分数、小数。

变量刚开始被建立时，计算机并不知道这个变量是什么类型，直到赋值语句被调用后，计算机才会根据用户给变量设置的值来确定对应变量的类型，并且在使用过程中，这个变量类型仍可以再次转换。以下举例来说明这一点。新建一个 Scratch 项目，并建立 3 个变量，分别命名为"万能变量 01""万能变量 02""万能变量 03"，此时，计算机并不清楚这三个变量是什么数据类型，只能确定的是属于数值型、字符串型和布尔型中的某一种。假如我们对这三个变量进行如图 8-7 那样调用赋值指令，计算机自动将"万能变量 01"设置成数值型，并存入 100 这个数值；将"万能变量 02"设置成字符串型，并存入"字符串"这个内容；将"万能变量 03"设置成布尔型，并存入"false"这个布尔值。

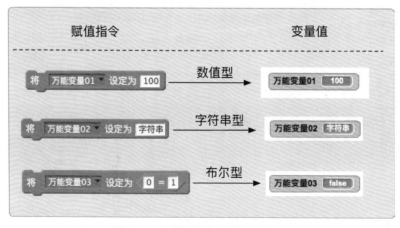

图 8-7　变量赋值与变量数据类型

在变量的使用过程中，假如给变量再一次赋值，并且赋值语句中给予的内容与原内容的数据类型不一致，则变量的类型仍会被再一次转换。例如在图 8-7 所示的赋值操作基础上，如图 8-8 所示又进行了以下赋值操作，则变量的数据类型再一次变更。值得注意的是：在参数传递过程中，如果变量的类型与传入的类型要求不符，也会自动完成转换。

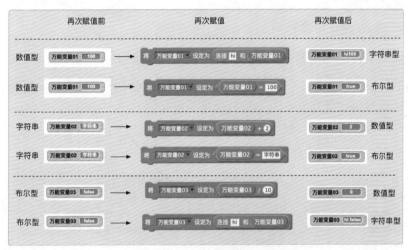

图 8-8 变量随再次赋值而转换类型

8.4 列表变量及其指令集

学习完变量的知识，是不是感觉自己的 Scratch 编程水平又上了一个高高的台阶呢？有了变量，现在你可以轻易编写出功能更强大的人机交互程序了，但请等一等再庆祝也不迟。因为，我们马上还有一种更高级的变量要学习，别忘了，我们前面学习的变量实际上是普通变量。

相对于普通变量，Scratch 还支持另外一种非普通变量，那就是列表变量。

假设我们要开发一个通讯录软件，用来记录我们的联系人姓名和对应的手机号码。我们已经知道了可以采用变量来存储联系人的信息，我们就创建一个叫"姓名"的变量记录联系人的姓名，用另一个叫"电话号码"的变量来记录联系人的电话号码，这个过程我们已经很熟练了，图 8-9 看上去一切都很顺利的样子。

图 8-9　通讯录中的普通变量

我们刚刚存了一位名叫"二狗子"的联系人的姓名和电话,正要存入第二个联系人的姓名和电话时,马上就感觉有点不对劲,因为我们要给第二个联系人的姓名和电话号码也各建立一个变量,于是只好把刚才那个存储"二狗子"的姓名和电话号码变量变更为"姓名 01"和"电话号码 01",于是图 8-9 本来很简洁的界面很快就变成图 8-10 那样了。

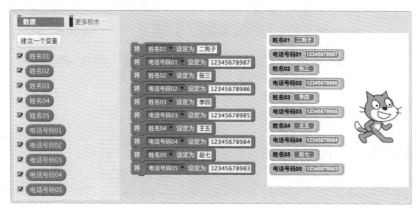

图 8-10　用普通变量来存取多个联系人

考虑到咱们人缘特别好,很受朋友们欢迎,联系人特多,随便数一数也超过百人,难道我们真的打算创建 100 个姓名变量和 100 个电话号码变量吗?更糟糕的是,当我的某位联系人的电话号码要变更时,我怎么样从这百多个变量中很快地找出来呢?又或者,当有其他朋友向我索要某共同好友的联系方式时,我又该如何从数百条信息中快速定位它呢?

如果你认真地思考了上述问题,肯定会发现,普通变量实际上并不能有效解决这些问题。所以,Scratch 提供了列表变量来实现类似于数据库的处理功能。

现在,就以如图 8-11 所示的古诗词填空和通讯录这两个小应用来说明列表的用法。

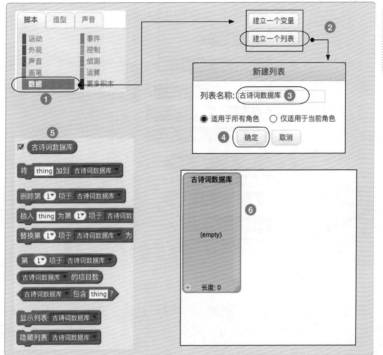

图 8-11　建立一个列表变量的过程

　　图 8-11 示意了建立列表变量的过程：❶ 从指令区选择"数据"这个类别。❷选择"建立一个列表"。❸在随后出现的对话框的文本框内输入列表名称（本例为"古诗词数据库"）。❹点击确定。❺在指令面板上将出现刚创建的列表变量的函数型指令方块，下方紧跟着另外 9 个用以列表访问和操作的指令方块。❻同时在舞台区出现此列表变量的监视框。

一点通

　　列表变量非常适合用来存储同一类别的大量信息，并且便于快速读取其中的内容。列表变量具有普通变量所不具备的许多优势。

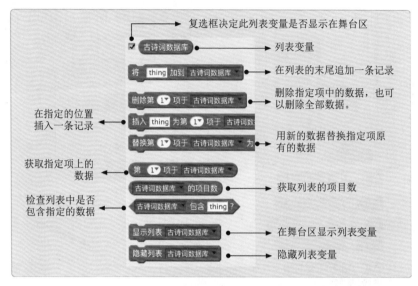

图 8-12　列表变量指令方块介绍

图 8-12 总体上描述了列表变量相关的 10 个指令的用法；图 8-13 演示了给列表变量新增记录的操作；图 8-14、图 8-15、图 8-16 分别演示了对列表变量进行删除、替换和插入记录的操作。

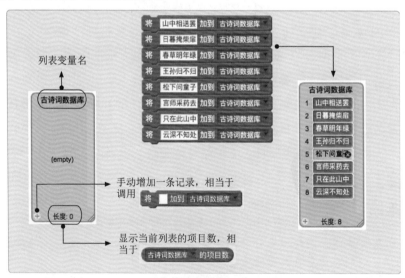

图 8-13　列表变量中新增记录

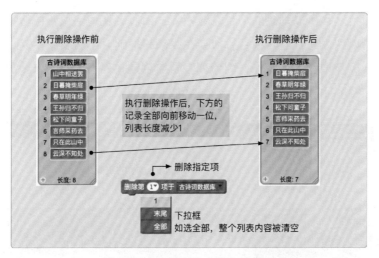

图 8-14 删除列表变量中的记录

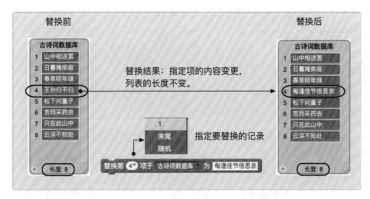

图 8-15 替换列表变量中的记录

图 8-16 列表变量中插入记录

对比替换与插入操作，两者的区别在于：前者会抹去原有的内容，用新的内容取而代之，所以列表的项目总数不变；而后者在指定位置"挤"进一条新的记录，所以列表的长度即项目总数会在原来的基础上增加 1。

对比列表新增和插入操作，因为列表新增总是在列表变量的末尾加入一条记录，所以如图 8-17 所示的两条指令是等价的。

图 8-17 新增记录与插入记录的对比

8.5 自制通讯录软件

假设用 Scratch 开发一个通讯录，其中记录姓名和对应的电话号码。（请见本书配套例程之【第 8 章 02_ 列表变量例程通讯录 .sb2】）

第一步，先建立两个列表变量，分别取名为"通讯录姓名"和"通讯录电话"，如图 8-18 所示。

图 8-18 通讯录例程中建立两个列表变量

第二步，使用新增方块指令为通讯录填充数据，如图 8-19 所示。

随着时间推移，通讯录中某个联系人的电话号码变更了，很自然地，我们就会想到，要更新这个联系人的电话号码，以免需要联系这个人时无法找到。姓名与电话具有一一对应的关系，我们可以通过姓名或电话号码从列表中找出这条记录，实际就是找到它在列表变量中的序号（列表变量的序号是从 1 开始排列的）。除了修改联系人信息之外，另有一些情况下需要新增联系人或删除联系人，为此，我们来考虑如何为联系人应用增加相应的功能。

第三步，考虑程序的可用性，在屏幕上提示用户操作方法，这可以通过让角色说话的方式来提示，如图 8-20 所示。

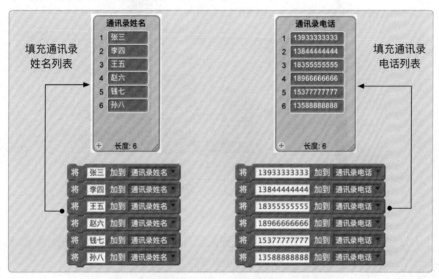

图 8-19　通讯录例程之填充列表数据

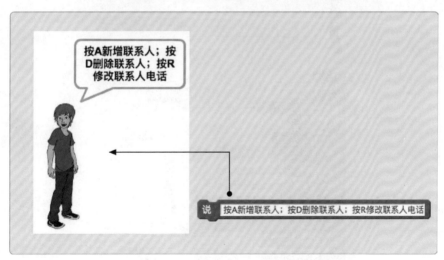

图 8-20　通讯录例程之操作提示

当用户按下字母 a 这个键时，代表新增记录操作，代码及执行情况见图 8-21。

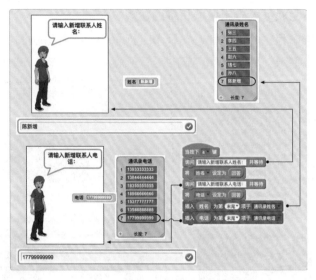

图 8-21　通讯录例程之新增记录

当用户按下字母 r 这个键时，代表替换记录操作，代码及执行情况见图 8-22。

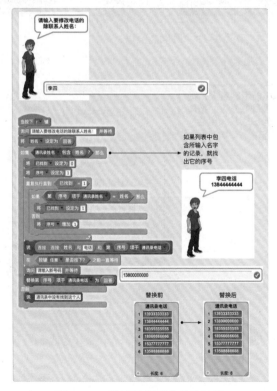

图 8-22　通讯录例程之替换记录

当用户按下字母 d 这个键时, 代表删除记录操作, 代码及执行情况见图 8-23。

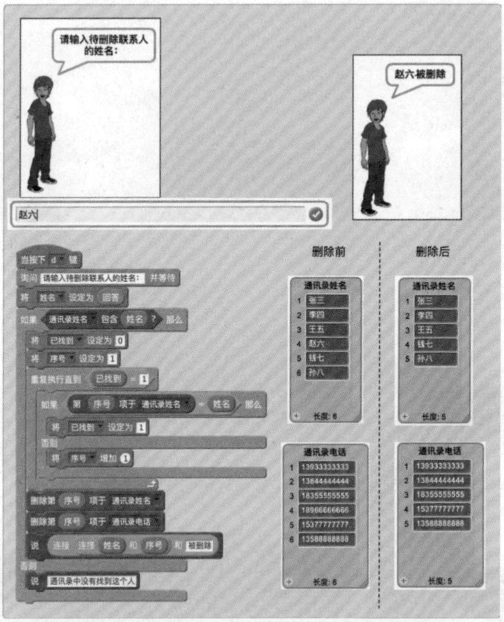

图 8-23 通讯录例程之删除记录

8.6 扩展阅读: 活字印刷

读者朋友们, 如果有人问你现代最有名的发明家是谁? 可能大家首先会想起美国的爱迪生。但如果是在九百多年前, 人们想到的伟大发明家可能是中国的毕昇。因为在北宋庆历年间(1041—1048), 毕昇(? ~约 1051)发明了活字印刷术。

印刷术是中国古代"四大发明"之一, 对世界文明进程和人类文化发展产生了重大影响。而活字印刷的发明是印刷史上一次伟大的技术革命。它是一种全新的印刷方法, 通过使用可以移动的金属或胶泥字块, 来取代传统的抄写。

你看, 我们中国人的祖先是不是非常有创新的精神和能力呢? 最近的一两百年里, 中国人的发明创造似乎不如古代那样多了, 你觉得是什么原因呢造成的呢? 你有什么好办法吗?

9

运算

数学王子发神威　高斯天才巧作图

第8章我们已经学会了关于变量的许多知识，懂得变量实际上就是在计算机大脑（内存）中开辟出一小块空间用以记忆重要数据；也知道了变量是有数据类型的，Scratch 将处理的数据类型简化成了数值、字符串和布尔型三类。学过了变量和数据类型，现在我们可以进一步学习数据的运算了。通过本章的学习，我们不仅能掌握在 Scratch 如何表达复杂的算式，还将学会字符串的处理，以及如何在实际的项目中运用这些知识来解决问题。

本章我们将学会

● 运算类指令的用法。

● 数值运算。

● 字符串处理。

● 运算类指令的实际项目。

高斯正在求解尺规作图
画正十七边形的问题！我们别
打扰他

微信(308)　　　清青老师

老师，我在德国哥廷根大学。现在深夜了，一位年轻人还在挑灯苦读。就是上面照片上的这个人，老师可知道这是谁么？

公元 2018 年 6 月 3 日上午 9:12

这是数学王子高斯！你听过那个故事吗？高斯很小的时候，数学老师为了让孩子们不要吵闹，让孩子们从数字 1 累加到 100，没想到高斯用时不到一分钟就报出正确答案 5050，并且给出了他的方法：1+100=101，2+99=101，直到 50+51 共有 50 个 101，所以结果是 5050。

高斯在哥廷根大学读书时，他的导师不小心把一道千古难题夹在布置给高斯的作业里。这道题就是要求只用圆规和尺子，画出几何图形正十七边形。从古代阿基米德开始人们就在思索这个尺规作图的方法，但一千多年来一直无法解答。结果高斯用一个晚上就把它解出来了。

公元 207 年 1 月 13 日上午 9:31

了解！原来这位挑灯苦读的高斯就是在解答这个千古难题。我想尝试用 Scratch 来画正十七边形，甚至都不使用尺子和圆规。

9.1 运算类指令概览

运算类指令全部都是函数型指令。也就是说，这个指令集合没有命令型、触发型也没有控制型指令，只有函数型。每一个运算类指令都必定返回数值、字符串或布尔这三种数据类型中的某一种。接下来学习运算类一共 17 个函数型指令。

这个指令代表两个数值相加。"+"两边需填数值、结果返回数值的表达式或变量，如果填入字符串或布尔值，将被自动转换成数值，字符串被转换为 0，布尔值 true 被转换成 1，false 被转换为 0。在脚本区编写运算表达式，然后双击方块可测试脚本运行结果，如图 9-1 所示。

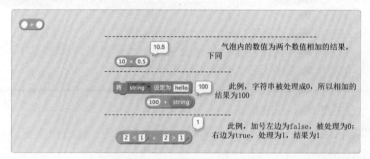

图 9-1 运算指令中的两数值相加

这个指令代表两个数值相减。"−"两边需填数值、结果返回数值的表达式或变量，如果填入字符串或布尔值，将被自动转换成数值，字符串被转换为 0，布尔值 true 被转换成 1，false 被转换为 0。双击运算表达式方块可测试脚本运行结果，如图 9-2 所示。

图 9-2 运算指令中的两数值相减

119

这个指令代表两个数值相乘。乘号两边需填数值、结果返回数值的表达式或变量，如果填入字符串或布尔值，将被自动转换成数值，转换规则与加减法相同。双击运算表达式方块可测试脚本运行结果，如图 9-3 所示。

图 9-3　运算指令中的两数值相乘

一点通

　　Scratch2.0 的运算类共 17 个方块，全部为函数型方块。它们任何一个都不能像命令型方块那样构成脚本中的单独一行，只是用以计算并返回数值、字符串或布尔型中的某种数据类型值。

这个指令代表两个数值相除。除号两边需填数值、结果返回数值的表达式或变量，如果填入字符串或布尔值，将被自动转换成数值，转换规则与加减法相同。双击运算表达式方块可测试脚本运行结果，如图 9-4 所示。

图 9-4　运算指令中的两数值相除

以上是运算类指令中的加、减、乘、除即四则运算指令。有一点要注意，Scratch 并没有像算术运算中的括号运算符，这是因为 Scratch 中每一个运算指令符两边的圆形框都相当于是一个括号符，这个圆形框内既可以直接填入数值（当然，也包括用变量表达的数值）、也可以填入另一个表达式，形成嵌套。

假如要计算：$((10+5)*(14-8)+3)/(8-5)=?$

这个代码如何表达呢？请见图 9-5。

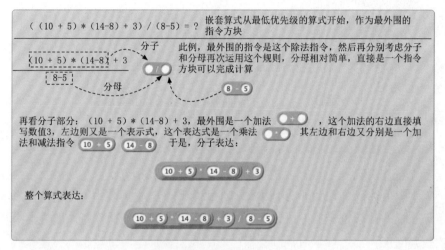

图 9-5 嵌套算式指令表达

随机数指令会在指定的两数间产生随机数。如果指定的两个数都是整数，则产生的随机数也是整数；如果指定的是小数，则产生的随机数也会是小数。图 9-6 的两个例子，虽然指定的同样是 1 到 10 的范围，但由于第 2 个例子中，使用了 1.0 和 10.0 这样的小数，产生的随机数也是小数。

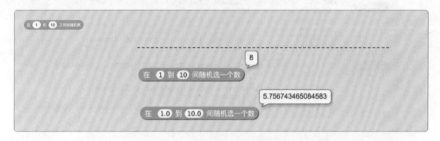

图 9-6 运算指令中的随机数

如果希望程序中的角色每次出现的位置不固定，而是随机出现在某个范围，这时随机数指令就非常重要了。例如，打地鼠的游戏，地鼠出现的位置总是随机的、不可预测的；又如太空战斗的游戏，敌方的飞机也有可能随机分布在某个范围，事先并不能预知其准确位置。采用随机数指令可以轻松实现游戏中的这些特性。

这是一组数值比较指令，比较运算符（>、=、<）两边需填数值、结果返回数值的表达式或变量，如果填入字符串或布尔值，将被自动转换成数值，转换规则与加减法相同。比较的结果如果为真则返回布尔值 true，否则返回 false，双击指令方块可快速观测结果，如图 9-7 所示。

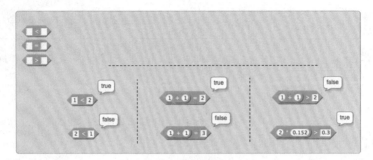

图 9-7　两个数值比较

关于数值比较，Scratch 并没有 ≤（小于或等于）、≥（大于或等于）和 ≠（不等于）这样的数学符号。不过，我们可以轻易地通过逻辑操作符来实现这一类数值比较判断。在第六章学习控制类指令时，我们曾经学习过逻辑与、逻辑或、逻辑非的逻辑操作内容，本章中我们再进一步学习巩固，如图 9-8 所示。

图 9-8　逻辑运算

结合数值比较指令和逻辑操作指令，就容易实现 ≤（小于或等于）、≥（大于或等于）和 ≠（不等于）这些不等式的表达式了。例如，假定有 A 和 B 两个数值，要表达 if（A≥B）then 执行一些指令 else 执行另一些指令，可将此任务用如图 9-9 所示的流程图表述，这里的关键在于表述 A≥B 这个条件。因为 Scratch 并没有对应的符号，它必须由三个基本的数值（大于、小于、等于）比较并结合逻辑操作指令实现。

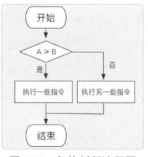

图 9-9　条件判断流程图

如图 9-10 所示，在数轴上示意 A 和 B 之间的关系，以数值 B 为参照，则整个数轴可以划分为三个部分：<B、=B、>B。A 只可能在处于这三种情况，现在需要将它归并为 A≥B 和 A<B 这两种情况。所以，只需要把 =B 和 >B 这两者归并即可将三种情况缩减为两种情况。图 9-10 中的

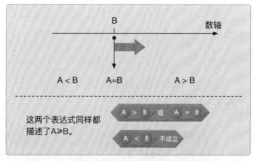

图 9-10　任意两数值在数轴上的大小关系

两个表达式都可以正确描述 A≥B：前者是直接将 A=B 和 A>B 相加（逻辑或），而后者是剔除 A<B 的情况（逻辑非）即为 A≥B。

这样，要完成前面流程图上所述的任务，其脚本代码如图 9-11 所示。

图 9-11　逻辑运算在程序流程控制中的应用举例

图 9-12 示意了字符串操作的三种典型使用场景：连接两个字符串；获取某个字符串中指定位置处的字符；获取某个字符串的长度。这些简单的字符串运算指令是编写复杂文字处理类程序的基础，本书的第十二章将通过较大型的完整项目更深入地展示字符串操作指令的用法及其强大的功能。

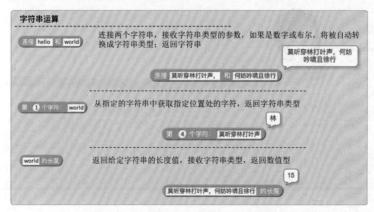

图 9-12　字符串指令用于字符串运算

　　如图 9-13 所示，Scratch 上的四舍五入永远只是到个位，即观察 0.1 位数上的数值，达到或超过 0.5 即进 1，否则舍去。想一想，如果要四舍五入到其他位数，例如到十位、百位，或 0.1 位、0.01 位，该如何通过 Scratch 的运算符来实现呢？

　　例如：采用 Scratch 指令，将圆周率 3.1415926 四舍五入到 0.001 位是多少？代码如图 9-14 所示。

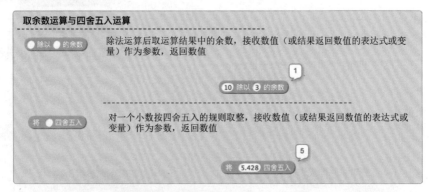

图 9-13　取余运算与四舍五入运算

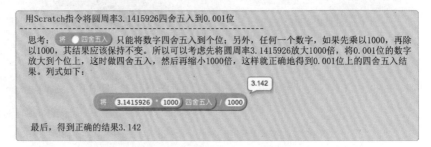

图 9-14　四舍五入指令的应用举例

一点通

　　运算类指令中有丰富的算术和数学运算及数学函数，也包含完善的逻辑操作、功能强大的字符串处理指令。运算类指令与变量紧密结合使用，可用来解决许多复杂的数学运算和字符串处理程序，也可以为控制型方块提供逻辑条件判断。

表 9-1　数学函数指令详解

指令方块	数 学 函 数
平方根▼ 9	指令的下拉框中包含了 14 个选项，分别对应 14 个数学函数
绝对值▼ 9	返回参数中的数值的绝对值。例如： ⑤ 绝对值▼ 5　④ 绝对值▼ -4
向下取整▼ 9	返回小于参数中数值的最大整数。例如： ③ 向下取整▼ 3.8　-4 向下取整▼ -3.8
向上取整▼ 9	返回大于参数中数值的最小整数。例如： ④ 向上取整▼ 3.8　-3 向上取整▼ -3.8
平方根▼ 9	返回参数中数值的平方根，数学符号为 sqrt（代表 square root，即平方根），例如 sqrt（9）=3，sqrt（36）=6，注意，负数不会有平方根，所以如果在参数中传入一个负数，将返回 NaN（Not a Number 的缩写，表明不是数字）
sin▼ 9	返回参数中数值的正弦值，数学符号为 sin，参数是表示角度的数值，例如 sin（0）=0，sin（30）=0.5，sin（90）=1
cos▼ 9	返回参数中数值的余弦值，数学符号为 cos，参数是表示角度的数值，例如 cos（0）=1，cos（60）=0.5，cos（90）=0
tan▼ 9	返回参数中数值的正切值，数学符号为 tan，参数是表示角度的数值，例如 tan（0）=0，tan（45）=1
asin▼ 9	返回参数中数值的反正弦值，数学符号为 arcsin，反正弦函数是正弦函数的逆运算，例如 sin（30）=0.5，所以 arcsin（0.5）=30（角度）=π/6（弧度）
acos▼ 9	返回参数中数值的反余弦值，数学符号为 arccos，反余弦函数是余弦函数的逆运算，例如 cos（60）=0.5，所以 arccos（0.5）=60（角度）=π/3（弧度）
atan▼ 9	返回参数中数值的反正切值，数学符号为 arctan，反正切函数是正切函数的逆运算，例如 tan（45）=1，所以 arctan（1）=45（角度）=π/4（弧度）
ln▼ 9	返回以 2.718 为底数的对数，即自然对数，例如 ln（2.718）≈1
log▼ 9	返回以 10 为底数的对数，例如 log（100）=2。（对数与指数互为逆运算）
e^▼ 9	返回 e 的参数中的数值次方的数值，例如 e^1=e，e^3=e*e*e≈2.718^3≈20.08
10^▼ 9	返回 10 的参数中的数值次方的数值，例如 10^1=10，10^3=10*10*10=1000

表 9-1 详细列举了 Scratch 提供的 14 个数学函数指令的用法。它们在求解复杂的数学问题时可有着很大的用途呢，如果我们希望在屏幕上画出比直线线段更神奇更富有想象力的几何图案，也很有可能要使用这些数学函数哦。

9.2　运算类指令画正多边形

用 Scratch 画正多边形，既不需要尺子，也不用圆规，就能轻松地画出任意正多边形呢。当然也包括数学王子高斯天才冥思苦想了一整个晚上才找到答案的正十七边形。

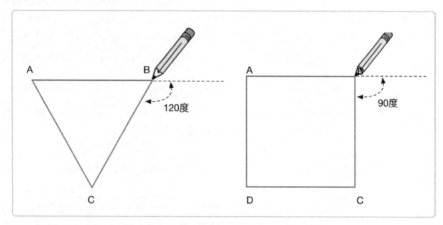

图 9-15　正三角形与正四边形示意

在画正十七边形之前，我们先从正三角形开始（因为三角形是边数最少的多边形），只要给定正三角形的边长，我们就可以很容易画出正三角形，从图 9-15 可以看出，从 A 点移动边长大小的距离即可到达 B 点，然后，因为正三角形的每个内角都是 60 度，所以从 B 点向 C 点画线时，实际是沿着 AB 线的方向朝右边转动了（180-60=120）度，然后再移动边长大小的距离到达 C 点，将上述步骤再执行一次即可到达 A 点，正三角形就画成功了。用 Scratch 脚本代码实现图 9-16 的图形。

视频讲解

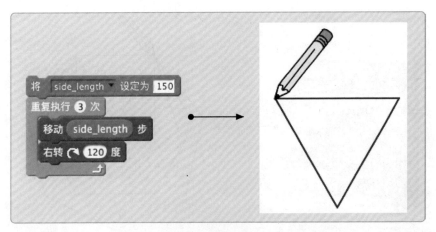

图 9-16　画正三角形 Scratch 脚本示意

上面的例程中，side_length 是自定义的变量，初始赋值为 150。

同理，正四边形的代码如图 9-17 所示，将正三角形与正四边形的代码进行比较，发现有很多共同点：循环的次数是正多边形的边数次（正三角形 3 次，正四边形 4 次）；向右转动的角度值虽然不同，但可以有共同的表达式，即（360/边数）。这样，我们可以定义一个 side# 变量来记录正多边形的边数，side_length 表示边长，画正多边形的代码可以统一表达如图 9-18 所示。

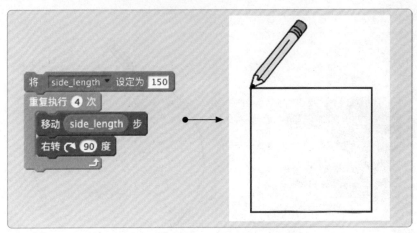

图 9-17　画正四边形 Scratch 脚本示意

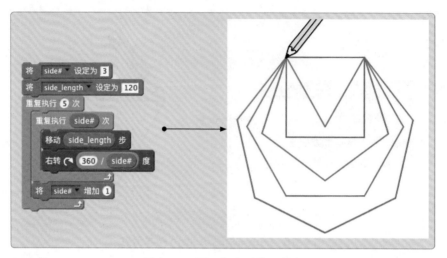

图 9-18　画正多边形统一脚本

这样，正十七边形的画法也就迎刃而解了，只需要将 side# 设定为 17 就可以了。

当然，如图 9-19 所示的代码只是借助计算机技术而画出正十七边形（请见本书配套例程之【第 9 章 01_ 画正多边形 .sb2 】）。尺规作图法画正十七边形所涉及的几何学知识是非常丰富的，这个问题曾困扰人类近两千年，直到被数学王子高斯解决。

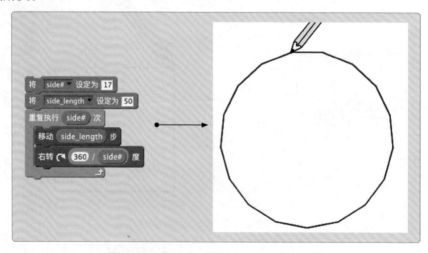

图 9-19　画正十七边形 Scratch 脚本示意

9.3   扩展阅读：数学王子高斯

有一个比喻说得非常好：如果我们把 18 世纪的数学家想象为一系列的高山峻岭，那么最后一个令人肃然起敬的巅峰就是高斯；如果把 19 世纪的数学家想象为一条条江河，那么其源头就是高斯。

高斯（1777—1855）是德国著名天才数学家、物理学家、天文学家，近代数学奠基者之一。高斯被认为是历史上最重要的数学家之一，并享有"数学王子"之称。

高斯和阿基米德、牛顿并列为世界三大数学家。一生成就极为丰硕，以他名字"高斯"命名的成果达 110 个，属数学家中之最。他对数论、代数、统计、分析、微分几何、大地测量学、地球物理学、力学、静电学、天文学、矩阵理论和光学皆有贡献。

高斯即使有着这样的天才和成就，他却仍然一直保持非常谦逊的心态。当人们把高斯的成功归功于他的天才时，他却说：假如别人和我一样深刻和持续地思考数学真理，他们会做出同样的发现！

10 ➡

结构化

景德古镇景秀丽　世界瓷都世闻名

经过学习，我们已经掌握了基本的指令方块，还学会了程序的流程控制，了解了通过侦测指令开发出人机交互的程序、采用变量和运算指令解决复杂问题等等。不过直到现在，我们的例程都还比较简短，而在真正的项目开发中，程序将变得异常复杂，脚本代码常常包含数百条指令。即使对代码的编写者自身来说，在一段时间后重新阅读代码，要理解它们都会变得非常困难，更不用说要继续维护这些代码如添加或修改功能了。

将复杂过程切分成许多个简单的子问题，是开发大型程序的一个有效手段。Scratch2.0 提供了自定义方块的途径来支持这种结构化编程。本章我们将了解结构化编程的思想、Scratch 自定义方块的方法，并通过一个完整的例程来说明结构化编程的技巧。

本章我们将学会

● 结构化编程思想。

● 制作新积木（自定义方块）。

● 实战应用。

微信(308)　　　清青老师

公元 1800 年 08 月 13 日上午 9:52

老师，到景德镇了。这里有很多人在干活，热火朝天，好像分工都很明确的样子，应该是在制作陶瓷吧，我猜想。

公元 2018 年 6 月 4 日上午 8:21

你猜得没错，这是景德镇制陶的现场。有人负责把瓷土淘成可用的瓷泥；有人将淘好的瓷泥分割开，摞成柱状；有人将摞好的瓷泥放入大转盘内，不断旋转转盘。那么多人在一起干活，却能够做到各司其职，秩序井然，这是因为制陶工艺流程被设计得非常合理。

工艺流程设计合理，的确如此！这就像 Scratch 编程，我们通常可以将一些非常复杂的任务，分解成若干个标准的子任务。这样，复杂的流程也会变得简单清晰，而且容易查缺补漏，易于维护！

完全正确！

10.1 什么是结构化编程

自从有计算机编程以来，人们很快就发展出两种编程思想：结构化编程和面向对象编程。Scratch 中以角色为编程对象的思想本身就是面向对象编程的反映，只不过 Scratch 隐藏了面向对象的抽象、复杂的细节，使得开发者无须自己去定义对象，不用关心多态、继承、封装这些抽象的概念。

开发软件时，不论是以何种编程思想为主导，结构化编程的思想都一样有其重要的作用。所以，在进一步学习 Scratch2.0 提供的自定义方块前，有必要了解一下结构化编程思想。

结构化编程方法是 20 世纪 60 年代中期发展起来的一种编程思想。就是在开发软件时，首先分析软件的整体功能，再将整体功能划分为诸多子功能，必要时再将子功能进一步划分为更小的功能模块，如此递进，直至每一个小功能模块都容易被编写成计算机程序，且容易被理解和阅读。

从程序的结构来说，结构化编程有三种基本结构：顺序结构、选择结构和循环结构。这三种结构在本书中实际都已经学习过了。计算机编程思想，究其根本都是来自于现实世界。结构化编程的思想，在实际生活中也经常能找到其应用。例如，本章开始部分提到的景德镇陶瓷，标准的制作工艺流程可以分为以下步骤。

1. 淘泥　把瓷土淘成可用的瓷泥；
2. 摞泥　将淘好的瓷泥分割开，摞成柱状，便于储存和拉坯用；
3. 拉坯　将摞好的瓷泥放入大转盘内，通过旋转转盘，用手和拉坯工具，将瓷泥拉成瓷坯；
4. 印坯　根据要做的形状选取不同的印模将瓷坯印成各种不同的形状；
5. 修坯　通过修坯这一工序将印好的坯修刮整齐和匀称；
6. 捺水　用清水洗去坯上的尘土，为接下来的画坯、上釉等工序做好准备工作；
7. 画坯　画坯有好多种，有写意的、有贴好画纸勾画的等等；
8. 上釉　画好的瓷坯粗糙，上好釉后则光滑又明亮，常用的上釉方法有浸釉、淋釉、荡釉、喷釉、刷釉等；

9. 烧窑　经过数十道工具精雕细琢的瓷坯，在窑内经受千度高温的烧炼；

10. 成瓷　经过几天的烧炼，窑内的瓷坯已变成了件件精美的瓷器；

11. 成瓷缺陷的修补。

上述的每一道工艺流程又可以进一步划分成更细的子流程。经过这样划分，很显然可以看出有如下好处。

（1）术业有专攻，每一个人可以专注于自己手上的工作，便于培养每一道流程上的能工巧匠；

（2）利于查缺补漏，当产品出现缺陷时，可以快速定位问题，并高效地解决，而不需要浪费时间在整个复杂工序中排查原因；

（3）可以灵活配套工艺以生产不同的陶瓷产品，当要制作不同的陶瓷产品时，只需要更改部分的工艺流程即可实现；

（4）重复利用部分工序，有些工序在整个生产流程中被反复使用，通过结构划分，使这部分产生协同效应，而不会重复投资。

对比制作陶瓷的工艺流程，程序设计中的结构化编程思想，具有类似的优势。同样通过一个实例来深入理解这一点。假设我们先在舞台中心区域画一个正三角形，随后又因为某种原因要画一个正八边形，后来，又要画未知多个正多边形，那么这段代码有可能是如图 10-1，图 10-2，图 10-3 所示。

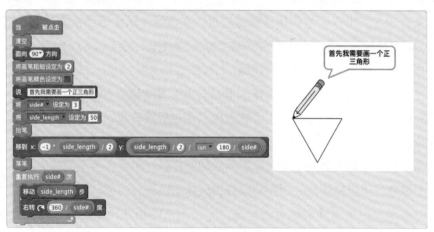

图 10-1　画正三角形的脚本代码

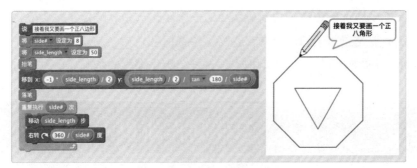

图 10-2　画正八边形的脚本代码

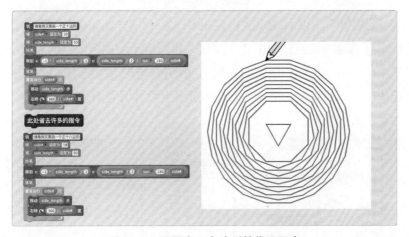

图 10-3　画更多正多边形的代码示意

　　从这段冗长的代码可以看出，这样的编程方法存在如下的问题。

　　（1）代码量大，每画一个正多边形就要增加一段代码；

　　（2）可读性差，不容易理解；

　　（3）不易维护，当要对画正多边形的具体方法进行修改时，例如改变其初始位置或朝向，就要对每一段画多边形的代码逐个进行修改。

　　（4）工作量巨大，而且容易出错，也不方便调试。

　　考虑用结构化编程的思想来优化上面的代码，将一些有共性的代码制作成新的积木。显

一点通

　　"制作新的积木"实际上就是自定义积木指令，是结构化编程的重要基础。它常用于将大型复杂的程序分解成若干个较小并容易理解的子过程。那些会被反复执行的代码也常被定义成标准的指令方块，以使程序更简洁、易读、易维护。

然，只要正多边形的边数和边长确定了，一个正多边形就确定了。当然，位置还需要给定，但这里为了叙述简便，忽略了位置信息。

接下来我们学习如何制作新积木，这是结构化编程的基础。

10.2　怎样制作新积木

步骤一，从指令面板中，选取"更多积木"这一类别（图 10-4），下方会出现"制作新的积木"的命令按钮。单击这个按钮，将弹出"新建积木"的对话框。在这个对话框上的编辑框内输入字符串，这就是我们新建积木的名字。然后选择确定，积木就建成了。不过不急，我们需要给积木添加脚本才能让这个新建的积木具有我们希望它应有的功能。

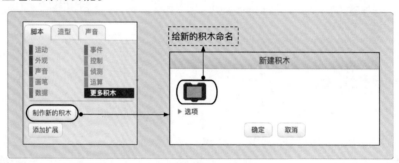

图 10-4　制作新的积木步骤一

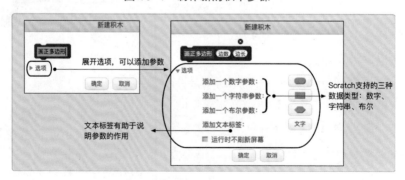

图 10-5　制作新的积木步骤二

步骤二，在讲述如何给新建积木添加脚本前，还需要学习如何给新建积木添加参数。"新建积木"对话框中，积木名称编辑框下方有个选项，默认是处于收缩状态的，单击选项，展开为图 10-5 右半部。这里，可以为新建积木添加参数，有三种参数可选：数字、字符串、布尔。还可以添加文本标签，这个文本标签本身不会改变积木的任何行为，只是用来帮助开发者记忆积木参数的。

步骤三，为新建积木添加脚本代码。经过前两个步骤后，脚本区就会出现新建脚本的圆顶的方块，只需将其他命令型方块接在此圆顶型方块之后即可，如图 10-6 所示。此后，执行自定义积木一次，就相当于运行新建积木的所有代码一次。

一点通

如果刚开始创建积木时忘了给积木添加参数怎么办？不用着急，这时在指令面板上找到你要添加参数的那个积木方块，右击，会弹出快捷菜单，选择其中的"编辑"，就会再次打开新建积木时的那个对话框。这时就可以继续给积木添加参数啦！

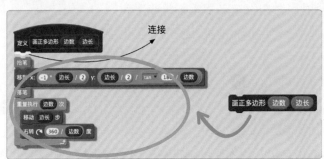

视频讲解

图 10-6　制作新的积木步骤三

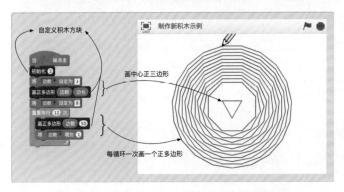

图 10-7　带自制新积木的主程序画正多边形

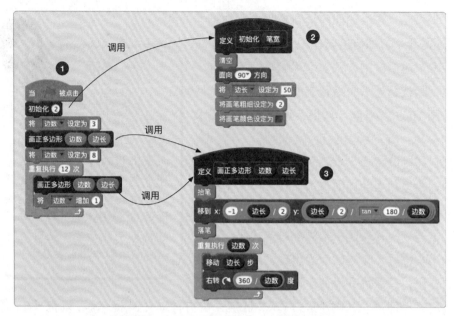

图 10-8　主程序与自定义积木方块的调用关系

图 10-7 示意了采用自定义积木来组织主程序的代码结构，并显示了这段代码分步执行的结果。图 10-8 则进一步示意了主程序与自定义积木之间调用与被调用的关系。

从图 10-8 可以看出，❶主程序的含义一目了然：

1. 调用自定义初始化积木模块（模块的代码实现见图中的第❷部分），传入参数为 2，这个参数是笔的宽度；

2. 然后就调用自定义积木模块画正多边形（模块的代码实现见图中的第❸部分），第一个传入参数为 3 表示画正三边形，第二个参数为边长；

3. 随后继续循环调用同一个自定义积木模块画正多边形，共循环调用 12 次，每调用一次画一个正多边形，第一个传入参数即正多边形的边数，每循环一次递增 1。

本例程项目文件请参见本书配套例程之【第 10 章 01_ 制作新积木画正多边形 .sb2】。

读者朋友们可以试着对比一下图 10-8 与图 10-3 之间的差别，一定可以更深刻地理解结构化编程的意义。

10.3　扩展阅读：景德镇陶瓷

问：西方人怎么称呼我们中国？

答：China

问：西方人怎么称呼陶瓷？

答：china

问：为什么西方人称中国和陶瓷是同一个单词呢？哪一个先出现的呢？

答：是先有中国 China，后有陶瓷 china。西方人第一次看到中国的陶瓷，是以 Chinaware（中国瓦）来称呼的，后来慢慢地就将后面的瓦给去掉了，这样便以 china 来称呼陶瓷。

景德镇素有"世界瓷都"之称，瓷器造型优美、品种繁多、装饰丰富、风格独特。其青花瓷、玲珑瓷、粉彩瓷、色釉瓷，合称景德镇四大传统名瓷。公元 1405 年（明永乐三年）开始，郑和七次下西洋，携带的大量来自景德镇的瓷器，使中国陶瓷声名远播。

11

综合案例

哥尼斯堡七桥上　人狼羊菜过河来

从本章开始，我们将进入项目驱动的模式学习：以项目为单位，从项目任务出发，分析问题，进行项目设计，然后综合运用所学的知识编写脚本程序，完成项目任务。

人狼羊菜过河是数学图论方面一个经典的问题。有一农夫带着一匹狼、一头羊、一担菜来到一条河边，他需要把狼羊菜和自己从河的一岸运到河的另一岸去。但只有农夫能够划船，而且船比较小，除农夫之外每次只能运一种东西。还有一个棘手问题，就是如果没有农夫看着，羊会偷吃菜，狼会吃羊。考虑一种方法，让农夫能够安全地把他自己和狼羊菜全部运过河。本章用 Scratch 小游戏的方式来模拟解决过河问题的过程。

本章我们将学会

●人狼羊菜过河问题任务描述。

●制作动态变化的舞台背景。

●为多角色编写脚本解决实际问题。

微信(308)　　　　　**清青老师**

公元 1736 年 06 月 21 日上午 9:35

老师，这里是 1736 年的哥尼斯堡。当地人提出的问题：怎样才能不重复、不遗漏地一次走完上图中的七座桥，最后回到出发点；大数学家欧拉到访哥尼斯堡，大家正在等待欧拉公布这个问题的答案呢。

公元 2018 年 6 月 4 日上午 10:21

七桥问题很有趣，欧拉把 A 和 D 两个岛看成两个点，把河流的两个岸简化成另外两个点，分别为点 B 和点 C，七座桥看作是分别连接上述四个点的七条线，用数字 1、2、3、4、5、6、7 表示。经过这样的转化后，这个七桥问题就转变为一笔画的问题，欧拉得出结论，要使得一个图形可以一笔画，必须满足如下两个条件。

1. 图形必须是连通的。
2. 图中的"奇点"（奇点就是从这个点出发的边数为奇数）个数是 0 或 2。

欧拉通过七桥问题创立了数学中的一个重要分支：图论。根据图论的理论，哥尼斯堡的七桥问题的答案是：不存在人们所希望的那条路径。你在此站将要完成另一个可采用图论的方法来解决的问题，即人狼羊菜过河问题。

清青老师

公元 2018 年 6 月 4 日上午 10:43

问题是这样的：有一农夫带着一匹狼、一头羊、一担菜来到一条河边，他需要把狼羊菜和自己从河的南岸运到河的北岸去，但只有农夫能够划船，而且船比较小，除农夫之外每次只能运一种东西；还有一个棘手问题，就是如果没有农夫看着，羊会偷吃菜，狼会吃羊。

考虑一种方法，让农夫能够安全地把他自己和狼、羊、菜全部运河。

这实际上也是一个图论的问题，因为人狼羊菜都有处于南岸或北岸两种状态，所以一共有 2 的 4 次方种状态，也即共 16 种状态，我们用（0,0,0,0）来表示人、狼、羊、菜都处于南岸，而用（1,1,1,1）表示所有东西都处于北岸的状态，以此类推，（1,0,1,0）表示人和羊在北岸，而狼和菜在南岸。考虑到当人不在时，狼和羊不能共存、羊和菜也不能共存，所以实际上有六种状态是无法存在的:（0,1,1,1）、（0,1,1,0）、（0,0,1,1）、（1,0,0,0）、（1,0,0,1）、（1,1,0,0）。这样，实际可能的状态数量是（16-6=10），把每一种状态看作一个点，如果两个状态之间存在一次转换则两者之间连一条线，例如:从（0,0,0,0）这个状态，可以转变到（1,0,1,0）（实际上就是人带着羊过了河），这样就可以画出一张图。

我有点跟不上了，什么0101的，太难记了，我脑子转不过来了。

不用着急，你在这一站有一个任务，就是用 Scratch 把这个问题编成一个小游戏。结束后，你就对这个问题一清二楚啦！

11.1 人狼羊菜过河任务描述

视频讲解

人、狼、羊、菜要过河，只有人能够划船，且除了人之外每次只能运一种东西；另外，如果没有人在场，羊会吃菜，狼会吃羊（按任意键继续）

人怎样才能安全地把他自己和狼、羊、白菜全部运过河？

操作提示：单击人狼羊菜上船下船；单击船身开船

图 11-1 人狼羊菜过河问题的任务描述

这个程序，至少需要以下 4 个角色：人、狼、羊、菜。同时，为了增加游戏的生动性，我们还需要一个辅助角色：船。另外，需要一个提示游戏胜利或失败的角色，我们给它起名叫 win_or_lose。这样，一共需设计 6 个角色。

作为一个完整的游戏，需要设计一个像图 11-1 的封面，用以提示游戏的背景、游戏的任务，以及游戏的操作方法。可以考虑将这个封面作为舞台的一个背景，在游戏刚开始时显示，当用户按下任意键，则切换到游戏的场景中。

还需要设计一个河流流动的小动画。可以从舞台背景来考虑，绘制三幅河流图作为背景，每幅河流图两岸的水位线稍有差别，然后在这三幅河流背景图之间快速切换，就能显示出河流的动画了。

根据游戏任务的描述，只有人能够

一点通

图论是大数学家欧拉在解决七桥问题过程中创立的一个数学分支。解决具体的图论问题的关键是将现实问题描述成点线组合的纯数学问题。

开船，且每次最多只能带狼羊菜三者中的一个，或者是人单独划船，这在程序中应该有相应的判断，即当船身被点击时，要判断船身上是否有人在场。而单击狼羊菜中的任一个时，要判断它是否处于上船的状态，如果处于船上就下船，如果处于未上船的状态，还要继续判断船上还有没有其他物品在场，若有，则不能上船，否则上船。

当船身被单击时，只要人处于在船上的状态，就开船。同时，要判断游戏输赢的状态，判断的标准是，它离开的岸是否存在狼和羊在一起，或羊和菜在一起的情况。如果是，则游戏失败；否则检查人狼羊菜是否全部处于过河状态，是则游戏胜利。

11.2   角色设计

作为示例程序，为简单起见，角色尽量都从角色库中选取。但角色库中并没有现成的狼、羊和菜这三个角色，这里选取相近的动物来代替狼和羊，菜则通过上传照片来创建角色，如表 11-1。

表 11-1   人狼羊菜过河问题的角色列表

角色	名称	来源	说明
	人	角色库（breakDancer1）	唯一能开船的角色，负责将狼、羊、菜运到对岸。鼠标单击后，执行上船和下船的动作
	狼	角色库（lionness）	人不在场的情况下，不能与羊共存；鼠标单击后，执行上船下船的动作。狼、羊、菜中的任意两个不能同时出现在船上
	羊	角色库（Neigh Pony）	人不在场的情况下，不能与狼或菜共存；鼠标点击后，执行上船下船的动作。狼羊菜中的任意两个不能同时出现在船上
	菜	上传图片	人不在场的情况下，不能与羊共存；鼠标单击后，执行上船下船的动作。狼羊菜中的任意两个不能同时出现在船上
	船	角色库（Sail Boat）	单击船身后，如果人已经在船上，则从一岸驶向另一岸，如果人不在船上，则不响应鼠标单击
You Win!	win_or_lose	绘制新角色	当接收到游戏胜利的消息显示 win，接收到游戏失败的消息显示 lose。全脚本控制，与用户无互动

145

11.3　变量定义

视频讲解

表 11–2　人狼羊菜过河问题的变量及其含义

变　　量	含　　义
boat_pos	船的位置：0，在原岸；1，在目标岸
man_pos	人的位置：0，在原岸；1，在目标岸
wolf_pos	狼的位置：0，在原岸；1，在目标岸
sheep_pos	羊的位置：0，在原岸；1，在目标岸
vegetable_pos	菜的位置：0，在原岸；1，在目标岸
is_man_on_board	人是否已登船：0，未上船；1，已上船
is_wolf_on_board	狼是否已登船：0，未上船；1，已上船
is_sheep_on_board	羊是否已登船：0，未上船；1，已上船
is_wolf_on_board	菜是否已登船：0，未上船；1，已上船

11.4　会动的舞台背景

游戏氛围是否营造得恰当，这是游戏能否吸引玩家的关键因素。而游戏的背景音乐和背景图片是营造恰当游戏氛围的重要元素。本例就通过在舞台中设置背景图片和脚本区循环调用声音文件播放指令，来给游戏添加吸引人的氛围。

舞台背景第一幅图命名为"封面"。这幅图除了示意游戏的主要场景之外，主要是描述游戏的故事背景、游戏的任

一点通

Scratch2.0 自带的画板软件并不支持输入中文字符，如果要显示中文，只能用其他软件编辑完成后以图片方式导入 Scratch。

务、操作方法等。这里需要说明的是：Scratch2.0 的画图板软件不支持输入中文的哦。所以需要利用外部的绘图软件将图绘制完成，再从 Scratch 的画图板导入。

人、狼、羊、菜要过河，只有人能够划船，且除了人之外每次只能运一种东西；另外，如果没有人在场，羊会吃菜，狼会吃羊（按任意键继续）

人怎样才能安全地把他自己和狼、羊、白菜全部运过河？

操作提示：点击人狼羊菜上船下船；点击船身开船

图 11-2　舞台背景之封面图

画图板，用"绘制新背景"的方式画出三幅河流图，以便于在舞台的脚本区，通过脚本代码切换这三幅河流图，产生河流在流动的动态画面，如图 11-2 所示。

如图 11-3 所示，选中舞台，然后在指令面板上选中背景标签卡，单击"新建背景"下方的四个图标中从左边数第二个图标❶，这样就新建了一个白色底的空白背景，❷编辑背景名称为"河流 1"（编写脚本切换背景图时需要用到），新建的背景图默认是位图模式，我们需要将它切换为矢量图模式❸，在画图板的右下角可以完成切换；画图板右边将出现一排工具图标❹，选择矩形工具然后在正下方的调色板上选择水面的颜色，选中后的颜色将显示在❺；在左下方选择画实心矩形❻；这些准备工作就绪后，在白色背景的中央画出长条矩形❼。

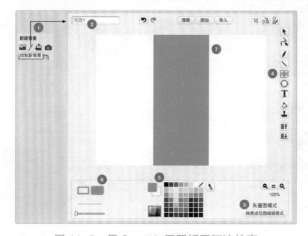

图 11-3　用 Scratch 画图板画河流轮廓

如图 11-4 所示，在画图板右侧竖排工具中，找到"变形"工具❽，然后在刚刚绘制的矩形框内用鼠标单击，矩形的四个顶点处立即出现小圆圈❾，这时，矩形边缘都处于可变形的状态，在矩形的两个竖边选择你希望变形的点，单击边线后，同样会出现小圆圈，用鼠标选择小圆圈然后拖动它，矩形的边就跟着变形❿。最后，形成如图 11-5 所示的示意图。

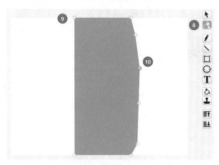

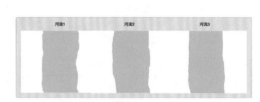

图 11-4 用变形工具画河流河岸线　　　　　图 11-5 三幅河流图示意

如图 11-6 所示的舞台脚本。舞台负责讲述游戏的故事背景⓫、循环播放背景音乐⓬，以此营造其特定的游戏氛围，在这样的氛围下，玩家能产生一种使命感，或者主宰世界的造物主的感觉。

显示游戏封面同时播放背景音乐的状态下，通过"在按下任意键之前一直等待"使画面停留在游戏封面状态。当有任意键按下后，广播"开始游戏"的消息，这个消息将被所有角色接收，包括舞台本身。舞台接收到这个消息后，循环切换三幅河流图，产生河水在流动的动态效果。

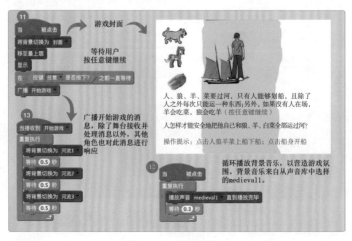

图 11-6 舞台脚本

11.5　船——过河的唯一交通工具

图 11-7 显示了角色船对应的脚本代码，以及每一段代码的执行机制。❶当绿旗被点击，游戏处于封面显示状态，此时，所有的角色，包括船都设置成隐藏。❶当接收到由舞台广播的"开始游戏"这个消息后，船这个角色才从隐藏状态变更为显示状态，并移动到初始位置，设置好代表其位置的变量的数值；❶当船这个角色被点击，首先判断角色人是否在船上。这一点，同样是通过一个变量来标识的，在这里是 is_man_on_board 这个变量，如果不在，则不作任何处理，毕竟，规则是只有人才能开船，如果人已在船上，则要做以下几件事。

1. 广播开船的消息，以便于船上的角色改变相应的位置状态，并与船一起移动；

2. 根据船原先所处在原岸或是目标岸，执行相应的动画，并改变船身的位置状态；

3. 船到达对岸后，广播船已到岸的消息，以便游戏的 win_or_lose 角色检查当前的输赢状态。

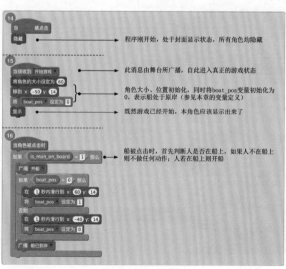

视频讲解

图 11-7　船的脚本

11.6　人——本项目最关键的角色

图 11-8 显示了角色人的脚本代码及其含义，⑲这里为了使代码更具可读性和可维护性，使用了两个自定义积木，一个是初始化，另一个是侦测并响应鼠标点击，⑳实际上就是进入一个循环，不断检测鼠标对本角色的点击，以执行上船或下船的动作，同时设置相应的变量值。当㉑接收到由船广播的开船消息后，根据船当前所在位置的不同而执行不同的动作。

视频讲解

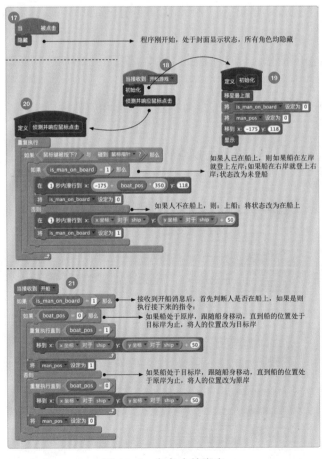

图 11-8　角色人的脚本

11.7　狼的脚本

图 11-9 显示了角色狼的脚本代码及其含义，总体上与角色人非常相似，但也有一些不同，例如：当狼被点击时，除了要判断应执行上船还是下船的动作外，如果是上船，程序还得增加一个判断，就是要看看船上还有没有空位，因为按规则，狼、羊、菜三者同时只能有一个在船上，而角色人则不需有此判断。

羊和菜的脚本与狼的脚本高度相似，只需要更改相应的变量即可，请试着独立编写出羊和菜的脚本吧！

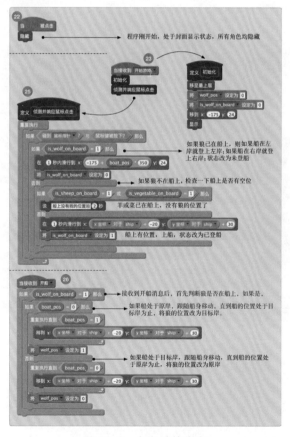

视频讲解

图 11-9　角色狼的脚本

11.8　win_or_lose——任务是否达成？

图 11-10 显示了角色 win_or_lose 的脚本代码及其含义，这个角色的主要功能就是每当船靠岸，就检查当前游戏的输赢状态：当人、狼、羊、菜四者全部到达彼岸，玩家赢；如果人在某一岸，而对岸出现狼和羊在一起或是羊和菜在一起，则游戏失败。一旦游戏分出胜负，则在屏幕上动画显示输赢信息，然后停止整个程序的运行。

视频讲解

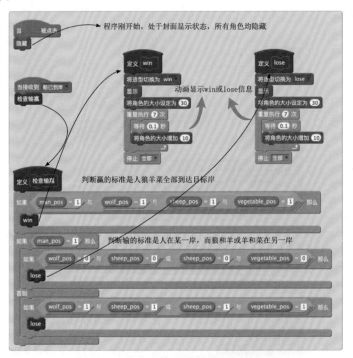

图 11-10　角色 win_or_lose 的脚本

本项目用到的主要知识如下所示。

● 变量的使用。

● 用滑行指令来制作简易的动画。

● 使用 Scratch 自带画板绘制舞台背景图案。

●使用自定义积木实现结构化编程。

●使用图层正确显示角色之间的重叠。

●使用消息机制协调多角色之间的行为。

11.9　扩展阅读：欧拉与七桥问题和图论

读者朋友们，你思考过我们普通人和天才数学家有什么差别吗？下面这个故事可能会给我们一些启发：

18世纪初普鲁士的哥尼斯堡，有一条河穿过，河上有两个小岛，有七座桥把两个岛与河岸联系起来（如本章首页上的图所示）。有个人提出一个问题：一个步行者怎样才能不重复、不遗漏地一次走完七座桥，最后回到出发点。

当地有不少人对这个问题很感兴趣，总是尝试按要求走过这七座桥，但每次都失败。后来大数学家欧拉把它转化成一笔画问题，并写成论文发表在专业类的杂志上，从而创立了图论。欧拉不仅得出了哥尼斯堡七桥问题无解，而且还用图论证明了他的结论。

你看，天才数学家是不是好像总能用科学的方法来研究解决现实问题呢？

视频讲解

12

综合案例

会稽兰亭飞花令　诗词大会补全句

　　你知道吗？Scratch 不仅可以开发游戏，还可以用来学习古诗呢！准确地说，我们可以通过 Scratch 开发游戏来学习古诗！由于计算机程序可以准确无误地存储海量的数据，所以对于背诵古诗这种需要大量记忆的学习来说，它尤其擅长。本章里，就让我们一起来开发一款有趣的古诗学习软件吧。

本章我们将学会

- 诗词填空游戏任务描述。
- 诗词填空游戏流程设计。
- 多角色脚本编程。

微信(308) **清青老师**

公元 353 年 03 月 13 日上午 8:52

"群贤毕至,少长咸集。此地有崇山峻岭,茂林修竹;又有清流激湍,映带左右,引以为流觞曲水,列坐其次。虽无丝竹管弦之盛,一觞一咏,亦足以畅叙幽情。"老师,这难道是王羲之在写《兰亭集序》?

公元 2018 年 6 月 4 日上午 11:43

正是! 看来你已到达时光之旅第 12 站,东晋永和九年浙江绍兴的会稽山兰亭。赶上了兰亭集会的精彩现场,好好领略一下中国历史上最负盛名的大书法家王羲之与一众大文豪的风采!
你在这里还有机会完成一项小游戏,就是用 Scratch 开发一个古诗词填空的小游戏哦!

公元 2018 年 6 月 4 日上午 11:43

Oh yeah!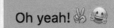

12.1 古诗填空项目描述

任务如图 12-1 所示，一位出题老师从古诗词数据库中随机抽取诗句或词句，隐去其中一个字，然后提供 5 个选项，其中一个选项的内容是正确答案。玩家可以通过鼠标单击 5 个选项字母或用键盘输入对应的字符作答，根据玩家作答正确与否显示对应的正误描述语，伴随勾号和叉号显示，同时播放不同的声音进行提示。舞台左上角显示两个变量：一是倒计时；二是分数值。用户在指定的时间内获得的分数成为一个衡量古诗填空答题水平高低的量度，倒计时秒表给游戏制造一定的紧迫感，从而提高本游戏的可玩度。

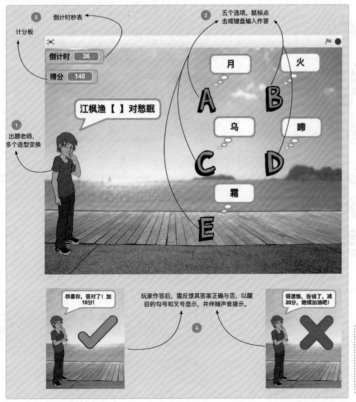

图 12-1 古诗填空任务描述

12.2　角色设计

视频讲解

　　本项目的角色中，出题老师是最主要的角色，主程序将集中在出题老师这个角色里；5 个选项分别对应 5 个单独的角色，用来显示备选答案和接收用户作答；另外再加一个用来显示批改符号的角色，这样本项目一共 7 个角色，详见表 12-1。

表 12-1　本项目角色列表

角色	名称	来源	说明
	出题老师	角色库（Dee）	诗词填空题以出题老师角色说话的方式呈现
	批改	角色库任选，然后改名并更换造型	造型从造型库中选取，选取 button-4a 对应正确时的造型、button-5b 对应错误时的造型
	选项 A	角色库（A-Block）	5 个候选答案中的一个，选项内容以角色的外观指令思考的方式来呈现
	选项 B	角色库（B-Block）	5 个候选答案中的一个，选项内容以角色的外观指令思考的方式来呈现
	选项 C	角色库（C-Block）	5 个候选答案中的一个，选项内容以角色的外观指令思考的方式来呈现
	选项 D	角色库（D-Block）	5 个候选答案中的一个，选项内容以角色的外观指令思考的方式来呈现
	选项 E	角色库（E-Block）	5 个候选答案中的一个，选项内容以角色的外观指令思考的方式来呈现

12.3　程序流程设计

　　为便于理清整体思路，可绘制本项目的流程图，如图 12-2 所示。主程序整体上是一个循环结构，内部有一个选择结构即判断答题时间是否已经用尽。答题时间是通过一个变量来记录，因此，程序需要有另外一个循环专门负责为答题时间倒计时之用的。

本例程采用了结构化编程的思想，将初始化、出题、检查答案等制作成一个个标准的指令方块。

另外，本例也用到消息机制，主要用以在出题老师角色出题完毕后，通知各选项以准备显示选项内容。

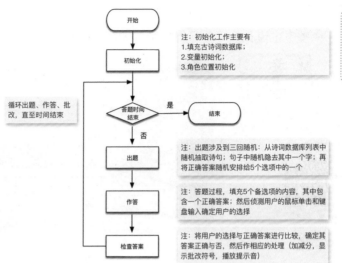

视频讲解

图 12-2　项目流程图

12.4　脚本程序实现

有了流程图，实现程序就比较容易了。图 12-3 是出题老师角色内的脚本，它基本上按流程图的意图来实现。首先进行了必要的初始化，这个初始化是一个自制积木。初始化的具体实现在图 12-4 中介绍。接着主程序进入一个条件循环，结束循环的条件是倒计时这个变量值为 0（答题时间已耗尽），条件不满足的情况下，则反复执行一个序列：调用自定义积木方块出题。出题的脚本实现见图 12-5，如果用户尚未做出选择并且答题时间尚未用完，则一直等在这里；否则如果用户已做出选择并且答题时间尚未结束，则调用另一个自定义的积木检查

一点通

你不一定要按本例程提供的内容来填充数据库列表变量。你完全可以往列表变量中填入任何你喜欢的诗词歌赋等内容哦！用这个游戏来考考你的家人和朋友吧！

答案，检查答案的脚本代码见图 12-6。

整个主流程是不是显得特别清晰明了呢？

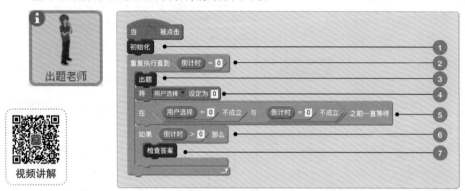

图 12-3 按流程图实现的主程序

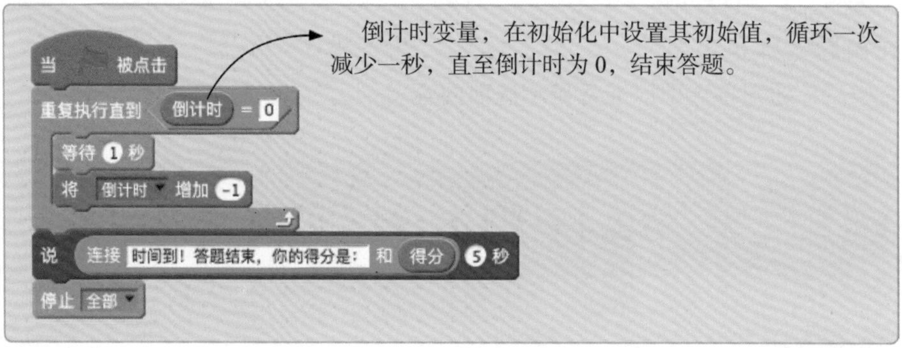

倒计时变量，在初始化中设置其初始值，循环一次减少一秒，直至倒计时为 0，结束答题。

图 12-4 倒计时变量的脚本代码实现

前面提到在游戏中设置倒计时变量来控制游戏的时间，可以为玩家增加一种紧迫感，从而也增加了游戏的可玩度。图 12-3 中介绍的主流程用到的倒计时变量，是通过图 12-4 中的另一个循环来控制的。这个循环内部每执行一次，便采用等待 1 秒来充当计时器功能，所以一次循环后，其倒计时变量的数值就会减 1，直到该变量为 0 时退出循环，表示答题时间耗尽。随后，显示在屏幕上告知玩家答题时间到，游戏结束。

一看到倒计时，你是不是也和我一样立即有了在考场考试的感觉啊？

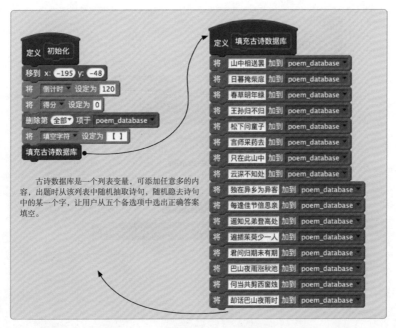

图 12-5　出题老师角色内初始化脚本

很多游戏在刚开始启动时，都要执行一系列的初始化工作，主要是为自定义变量赋初始值，还有将角色移动到一个初始的位置，等等。本例中，初始化最主要的工作是填充变量值，包括几个普通变量值如倒计时初始秒数、得分分值，还有一个列表变量即 poem_database，这是用来存储古诗数据的，本游戏要考玩家的内容全部都在这个列表变量中。本例程中，初始化内部又调用了另一个自制积木来填充古诗数据库。

图 12-6 显示了自制积木出题的脚本代码,这个自制积木(或称为自定义函数)主要是字符串处理过程。刚开始广播一个消息，是通知其他角色以便作相应的准备（例如批改角色接收到这个消息后就将自己隐藏）。然后通过下一个造型指令改变造型，以增加游戏的生动性。接下来的一连串指令都是为了准备"含填空诗句"这个变量，这也是将来要显示在屏幕上的那道填空题。它首先被初始化为一个空字符，接着从 1 到诗句数据列表最大值之间让计算机产生一个随机数，这个随机数对应的列表中的那条记录即为本次的出题诗句，从此诗句中再随机选取一个位置，将它对应的字隐去，作为本题待填的内容。最后将这个含空格的考题显示 在屏幕上并广播一个消息，以便 5 个选项角色开始准备各自的选项内容。

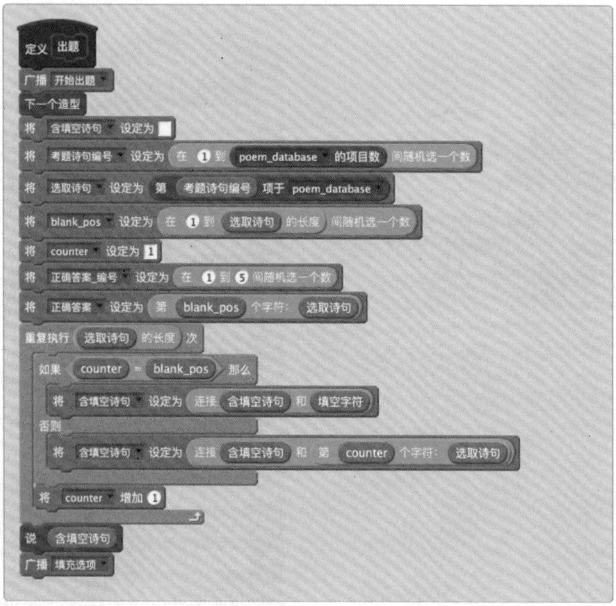

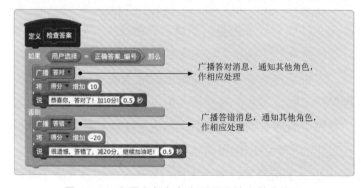

图 12-6　出题老师角色自制积木出题脚本

图 12-7 是检查答案的脚本代码。这个判断条件很简单，只需要检查用户选择的序号与正确答案的编号是否一致即可。需要说明的是：这里的序号和正确答案编号都是数值。所以在选项中，用户作答时，程序已经自动将字母与数字序号作了转换，例如当用户选择 A 时，将用户选择设置为 1，B 对应 2，依此类推，直到 E 对应 5。而正确答案编号在出题时，已经由程序默认地随机指定给五个选项的某一个，选项在显示备选答案时也检查过是否由自己来显示正确答案，关于这一点，在图 12-8 选项 A 的脚本中也有进一步的说明。

以上，就是出题老师角色的所有代码，也是本例程中非常重要的一部分代码。

图 12-7　出题老师角色自制积木检查答案脚本

图 12-8 是选项 A 的脚本代码，包括有两段。

上面一段当绿旗点击后移动到初始位置并设置大小为原始大小的 50%，然后立即进入一个无限循环，这个循环实际就是不断侦测用户是否用鼠标点中本角色或在键盘上输入本角色对应的字母键，如果侦测到上述事件的任意一个，则表明用户在作答并将作答的选项为 A，但"用户选择"这个变量是数值型的，程序将这个字母选项与数字进行了对应，A 对应 1、B 对应 2 一直到 E 对应 5，这样对应的目的是为了方便最终检查答案的操作，关于检查答案的说明详见图 12-7 的说明。

下面一段代码是当收到由出题老师在出题完毕后广播的填充选项这个消息之后执行，其执行的结果就是在该选项显示一个思考气泡，气泡中的内容就是选项内容。这个内容有两种可能，一是本选项被选为正确答案的情况下，它显示正确答案（字符）；二是本选项非正确答案，于是从 poem_database 中选择考题周边的一个字符作为选项内容。

其余选项的脚本代码与选项 A 大同小异，作为作业留给你去完成哦！

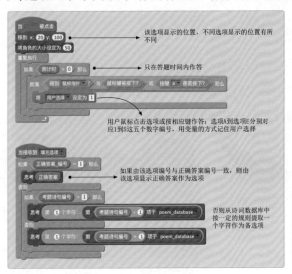

图 12-8　选项 A 角色脚本代码

图 12-9 是批改角色的脚本代码。这个角色是本项目中唯一一个只是为装饰而增加的，也就是说，删除本角色完全不影响整个游戏的运行，并且功能上也没有任何影响。那为什么要设置这么一个角色呢？因为从游戏的角度来说，用户答题，需要得到一个直观的反馈，这样有利于提高游戏的可玩度。这个批改角色就

是为这个目的而设置的。当玩家答对一道题，屏幕上有一个大大的勾号，那是多么大的一个鼓舞啊！反过来，如果答错了，出现一个红色的叉号，玩家也会倍感可惜，提醒自己要更认真作答呢！

到这里，我们的古诗填空任务就基本上已经完全实现了。但别着急，细心的你是不是发现还有一些不足呢。

的确！项目到现在为止，还没有声音！请给自己留一个作业：为本项目添加一个背景音乐，另外，当用户答对或答错时分别播放一个醒目的提示音。

本项目用到的主要知识：

列表变量的使用；

字符串处理；

消息机制；

鼠标与键盘侦测；

利用全局变量协调多角色之间的行为；

用等待函数来实现倒计时功能。

一点通

　　项目有多个角色要编写较相似的代码时，为了避免大量重复劳动，可以选中已编写脚本的那个角色，在脚本区中将代码用鼠标选中，将它拖动到角色列表区中目标角色的图标上方，然后松开鼠标，这部分代码就直接复制过去了。

视频讲解

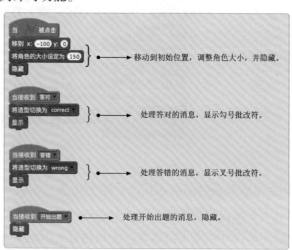

图 12-9　批改角色脚本代码

12.5　扩展阅读：飞花令

　　读者朋友们，你们是不是从小就熟读甚至背诵了许多古诗词呢？有诗云 " 腹有诗书气自华 "，就是说饱读诗书之人，其气质才华会自然横溢、言行高雅。近年来，全民掀起了阅读经史子集、诗词歌赋的传统文化热潮。中央电视台《中国诗词大会》节目大受欢迎，外卖小哥胡海为在第三季总决赛中一举夺魁的故事也已传为佳话。

　　你也许看出来了，《中国诗词大会》的游戏规则其实源自 "飞花令"。飞花令，原是中国古人特有的在饮酒时的助兴游戏。它可以看作是一种比较高雅的文字游戏，没有诗词基础的人根本玩不转它呢。所以这种酒令游戏被那些文人墨客所喜爱。

　　行飞花令时可选用诗和词，也可用曲，但选择的句子一般不超过七个字。比方说，甲说一句第一字带有 "花" 的诗词，如 "花自飘零水自流"。乙要接续第二字带 "花" 的诗句，如 "烟花三月下扬州"。丙可接 "柳暗花明又一村"，这一句中 "花" 在第三字位置上，符合游戏规则。丁接第四字带有 "花" 的诗词，如 "映日荷花别样红"。依此类推，到花在第七个字位置上则一轮完成，可重新回到第一字是花的句子，如此循环下去。行令人一个接一个，当轮到的人作不出诗、背不出诗或作错、背错时，则视为输掉游戏，此时可是要接受罚酒的哦！

　　你完全可以按照飞花令的规则，并仿照本章的例子，自己开发一个飞花令游戏来跟你的朋友们比赛。

　　本章例程将飞花令简化为诗词填空。以诗为游戏题材，在游戏的过程中还可增长知识、锻炼记忆力。如果以电脑作为飞花令的选手，它更能将飞花令玩得出神入化，毕竟飞花令的基础是记忆大量的诗句，而电脑最擅长的就是记忆。我们可以事先将大量的诗句以数据库的方式存入变量，然后只要设定好搜索条件即可。感兴趣的读者朋友，请试试自己编写出史上最强的飞花令选手吧！

13

综合案例

威斯敏斯英伦范　克里夫兰信号灯

从程序技术上来说，Scratch 编程既可以编写游戏也可以制作动画；而从用途上来说，它可以用来"玩耍"（例如开发游戏），也可以用以"学习"（例如学习几何、代数，以及物理知识）。经过前面的学习，我们已经完全具备条件从 learn to code（学习编程）转换到 code to learn（用编程来学习）的阶段。本章我们就来尝试以编程的方式来学习。

任务：编写一段动画程序，用以模拟现实中的交通路口车辆通行情况。动画中至少要有十字交叉路口和两方向的信号灯控制，车辆根据红绿灯情况通行。

本章我们将学会

●交通信号灯模拟软件任务描述。

●使用 Scratch 画图板手绘软件背景。

●多角色脚本编程。

原来这就是最早的交通信号灯啊！还需要人工切换信号的，既不方便，也不安全。我用 Scratch 来做一个模拟软件看看吧！

微信(308)　　　　　　清青老师

公元 1868 年 12 月 28 日上午 11:52

公元 2018 年 6 月 5 日上午 7:43

你这是在 1868 年的英国威斯敏斯特吧，那时世界上第一个交通信号灯才刚刚被发明并使用，还是靠人工来切换红灯绿灯的呢！交通信号灯发展成今天这个样子并不容易，其间甚至有警察被爆炸的煤油灯夺去性命！你在此站，用 Scratch 软件来模拟一个交通路口的行人与车辆，就能观察到信号灯该如何设置，并合理控制红绿灯的时长，做到合理切换红绿灯了！

13.1　交通信号模拟项目描述

任务如图 13-1 所示，本项目用以模拟十字路口信号灯模型，道路由东西向和南北向交叉的两条道路构成，道路行驶规则按靠右行驶（英联邦国家是按左行驶），双向均有两个红绿灯装置（共四个装置），每个红绿灯装置配有红灯、黄灯、绿灯三种颜色灯；东西向的汽车采用小汽车来示意、南北向的用公交车示意；程序应能方便地设置红绿灯的时长。

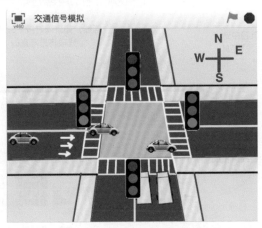

视频讲解

图 13-1　交通信号灯任务描述

13.2　手绘舞台背景

新建项目，舞台将自动产生一个空白背景，我们就在这个空白背景上来绘制十字交通路口图案。首先将这幅舞台背景的名字由原来默认的"背景 1"改为"交通路口"，然后从画图工具中选取"用颜色填充"这个工具，并从颜色列表中选取一种颜色将原来的空白背景填充为新的颜色，如图 13-2 所示。

视频讲解

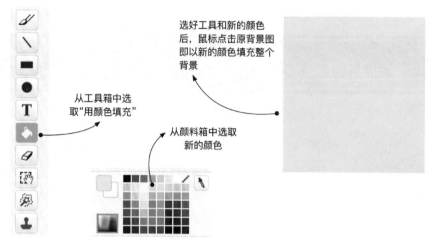

选好工具和新的颜色后，鼠标点击原背景图即以新的颜色填充整个背景

从工具箱中选取"用颜色填充"

从颜料箱中选取新的颜色

图 13-2　为背景图填充新的颜色

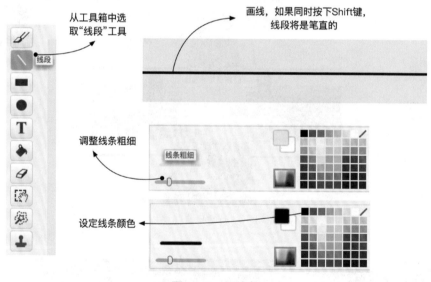

从工具箱中选取"线段"工具

画线，如果同时按下Shift键，线段将是笔直的

调整线条粗细

设定线条颜色

图 13-3　画线段

　　交通路口图基本上是由直线段构成，因此，只要重复上述画线段的过程，只是注意在画线前选取线条的颜色和粗细即可。如果中途有些操作失误，可选择画板软件上方的"撤销"按钮来取消操作，恢复到操作失误前的状态。另外，本例程虽然是平面模拟程序，交通路口图案也只是一幅平面图，但为了更逼真模拟实际道路，这个二维图在竖向（南北方向）上，道路宽度是由宽变窄，以反映由近及远的视觉效果，呈现"鸟瞰图"的空间感。

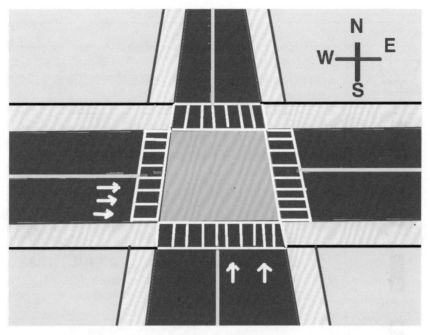

图 13-4 完整交通路口图

一点通

在平面图形上，要呈现出立体的效果，就需要在视觉效果上做一些恰当的处理；在绘制静态的背景图以及南北方向行驶的公交车都考虑了远近不同视角下变换图形的大小。

13.3 角色列表

根据本项目的任务描述，拟设计以下七个角色：东、西、南、北 4 个方向各一个信号灯角色；东西向行驶的小汽车角色；南北方向行驶的公交车角色，另外，从程序的可读性方面考虑，设计一个抽象的控制中心角色。详述如表 13-1 所示。

表 13-1　本项目角色列表

角　色	说　明
控制中心	负责控制信号灯,设定南北向通行,东西向通行,或是黄灯警示等,同时设定通行状态变量,并以广播消息的方式通知其他角色作相应处理
北信号灯	北、南、西、东 4 个方向各有一个信号灯装置,每个装置用独立的一个角色来表示,每个角色都有如图 13-5 所示的三种造型
南信号灯	
西信号灯	4 个角色接收由控制中心广播的消息,确定自身应该显示的造型,以及当前的通行状态变量;造型采用绘图板手绘制作,只需绘制一组三个造型,然后复制到其他三个角色即可
东信号灯	
小汽车	东西方向行驶的车辆,其造型从 Scratch 的造型库中选取;接收由控制中心广播的消息,以及通过当前通行状态的全局变量来协调自身的行为
公交车	南北方向行驶的车辆,其造型是用绘图板手绘产生;接收由控制中心广播的消息,以及通过当前通行状态的全局变量来协调自身的行为

视频讲解

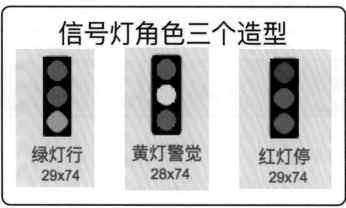

图 13-5　信号灯角色三个造型

13.4 角色脚本代码

控制中心，这是一个抽象的角色，在程序运行时，它的造型是被隐藏的、不可见的。这个角色主要通过设置"当前通行状态"这个全局变量和发送通行消息来协调其他角色的行为（图 13-6），这是不是很像管控车辆通行的控制室的功能呢？

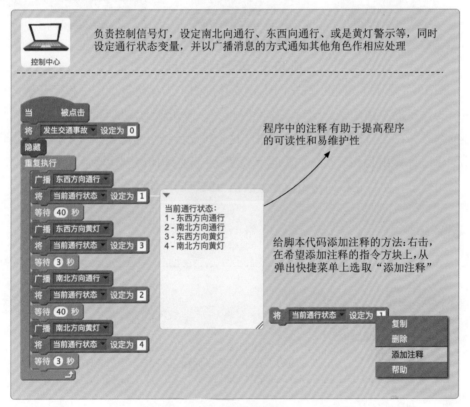

负责控制信号灯，设定南北向通行、东西向通行、或是黄灯警示等，同时设定通行状态变量，并以广播消息的方式通知其他角色作相应处理

程序中的注释有助于提高程序的可读性和易维护性

当前通行状态：
1 - 东西方向通行
2 - 南北方向通行
3 - 东西方向黄灯
4 - 南北方向黄灯

给脚本代码添加注释的方法：右击，在希望添加注释的指令方块上，从弹出快捷菜单上选取"添加注释"

视频讲解

图 13-6 控制中心脚本代码

信号灯主要是根据控制中心广播的消息显示相应的红灯、绿灯和黄灯造型。4 个信号灯角色大同小异，差别主要是初始位置不同。另外，南北向和东西向的信号灯显示的红绿灯造型不同，而南向和北向之间，东向和西向之间，其造型是一致的。图 13-7 显示了北信号灯的脚本，其余信号灯的脚本这里不再列举，读者朋友们也可以自行补足。

视频讲解

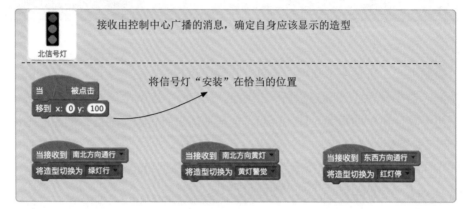

图 13-7　信号灯脚本代码

图 13-8 显示了角色小汽车的代码及其说明。当绿旗被点击，程序开始运行后，小汽车的本体隐藏，执行三次克隆指令，并用辅助变量 counter 来记录克隆体的编号，在"当作为克隆体启动时"这个触发型指令后的指令集中，根据克隆体的编号计算出其相应行驶的车道（位置），当克隆体碰到边缘后，表示这辆车已驶出屏幕，便将它移回初始位置重新执行既定的动作。

视频讲解

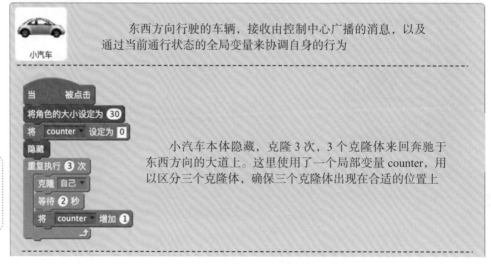

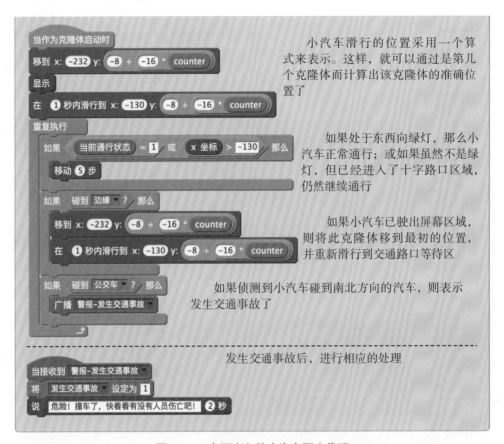

小汽车滑行的位置采用一个算式来表示。这样，就可以通过是第几个克隆体而计算出该克隆体的准确位置了

如果处于东西向绿灯，那么小汽车正常通行；或如果虽然不是绿灯，但已经进入了十字路口区域，仍然继续通行

如果小汽车已驶出屏幕区域，则将此克隆体移到最初的位置，并重新滑行到交通路口等待区

如果侦测到小汽车碰到南北方向的汽车，则表示发生交通事故了

发生交通事故后，进行相应的处理

图 13-8   东西方向的小汽车脚本代码

图 13-9 显示了角色公交车的代码及其说明。当绿旗被点击，程序开始运行后，公交车的本体隐藏，执行两次克隆指令，并用辅助变量 counter 来记录克隆体的编号，在"当作为克隆体启动时"这个触发型指令后的指令集中，根据克隆体的编号计算出其相应行驶的车道（位置）。当克隆体碰到边缘后，表示这辆车已驶出屏幕，便将它移回初始位置重新执行既定的动作。由于公交车行驶在南北方向上，对应屏幕是竖直方向，为了产生公交车逐渐远去的效果，增加了对角色大小的变化，通过在循环中，将其角色大小按每次循坏增加一个负值，便使得车身越来越小，从而制造成越来越远的视觉效果。

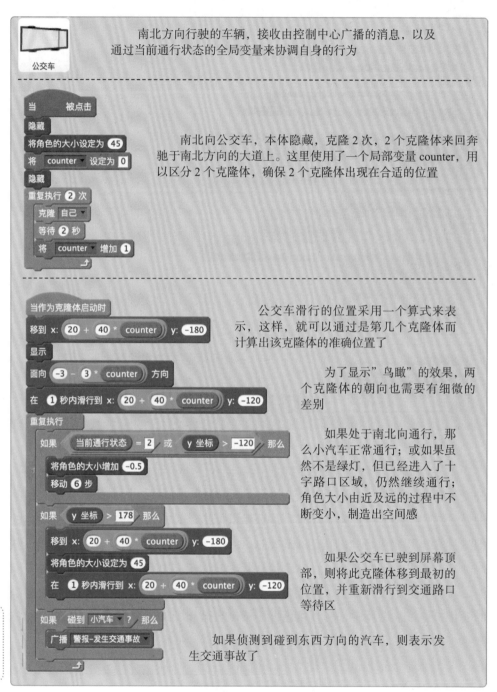

南北方向行驶的车辆，接收由控制中心广播的消息，以及通过当前通行状态的全局变量来协调自身的行为

南北向公交车，本体隐藏，克隆2次，2个克隆体来回奔驰于南北方向的大道上。这里使用了一个局部变量 counter，用以区分2个克隆体，确保2个克隆体出现在合适的位置

公交车滑行的位置采用一个算式来表示，这样，就可以通过是第几个克隆体而计算出该克隆体的准确位置了

为了显示"鸟瞰"的效果，两个克隆体的朝向也需要有细微的差别

如果处于南北向通行，那么小汽车正常通行；或如果虽然不是绿灯，但已经进入了十字路口区域，仍然继续通行；角色大小由近及远的过程中不断变小，制造出空间感

如果公交车已驶到屏幕顶部，则将此克隆体移到最初的位置，并重新滑行到交通路口等待区

如果侦测到碰到东西方向的汽车，则表示发生交通事故了

视频讲解

图 13-9　南北方向上的公交车脚本代码

到这里，有智慧的读者朋友，你也许会有疑问，觉得程序好简单啊，做这个模拟程序的目的是什么呢？

模拟类的程序，通常是为了用很小的代价来反映现实中的问题。例如，本例程，模拟交通路口信号灯，可以模拟不同的信号灯设置（包括信号灯种类、每种信号灯的时长）的情况下，车辆通行是否安全、高效。

要知道，信号灯的发展历程中，最早的信号灯系统并没有

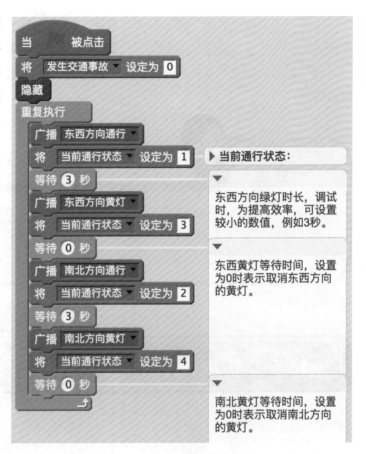

图 13-10　变更信号灯设置

设置黄灯，也就是说，绿灯过后立即转变为红灯。这样的交通信号灯在实际应用中，非常危险，交通事故频发。假如最初设计交通信号灯时，能借助计算机技术进行模拟，就能很容易发现其中的问题，而不需要以现实中生命的代价来换取改进的机会。

如果像图 13-10 那样修改黄灯等待时间为 0 秒，这样就相当于取消了黄灯。这时再运行整个项目，表面看仍然没有问题，但为了让模拟更接近现实，要考虑到司机不可能在绿灯转变为红灯的刹那间立即停住车辆。因此，几乎不可避免地，在绿灯到红灯转换的最初一两秒，东西向与南北向的汽车必定频繁地发生碰撞。

事实上，这也是交通信号灯由最初只有红绿两色灯，改进为在绿灯到红灯变换过程中增加黄灯的原因。

本例程为了解说方便，做了很多的简化。例如没有考虑左转和右转，没有考虑行人，没有考虑双向行车，等等。所以，建议将本例程看作一个启发性的案例。读者朋友们可以在这个基础上完善你个人的想法，不断改进此程序，一定会有所收获的呢！

一点通

本例程的小汽车和公交车克隆，都通过变量来记录和识别每一个克隆个体。另外，当汽车即将驶出舞台区时，便将克隆体移到初始的位置重来一遍，这是重复利用克隆体以简化代码编写。

13.5 扩展阅读：交通信号灯发展历程

"红灯停、绿灯行、黄灯要睁大眼睛！"现在全世界的交通系统基本上都遵循这个规则。我们从小就学习文明交通方式，这样既保护自己、也保护别人的安全。我们对红绿灯的规则已经习以为常。但读者朋友可能有所不知，红绿黄三色交通灯系统，其演变过程还经历了很多的波折，在最早期靠人工切换煤气灯的时代甚至还有警察为此而丢了性命呢。

世界上最早的交通信号灯出现在 1858 年，当时在英国伦敦主要街头安装了以燃煤气为光源的红、蓝两色的机械扳手式信号灯，用以指挥马车通行（因为那时汽车都还没有被发明出来呢）。1868 年，英国机械工程师纳伊特在伦敦威斯敏斯特区议会大厦前的广场上，安装了世界上最早的煤气红绿灯。它由红绿两色旋转式方形玻璃提灯组成，红色表示"停止"，绿色表示"注意"。就在它运作的第 23 天，煤气灯突然爆炸，一位正在执勤的警察当场丧命，后来信号灯系统因为这个事故而被取消。

交通信号灯系统被中断了几十年后，1914 年，电气启动的红绿灯在美国出现了。这种红绿灯由红绿黄三色圆形的投光器组成，安装在纽约市 5 号大街的一座高塔上。红灯亮表示"停止"，绿灯亮表示"通行"。

1968 年，联合国《道路交通和道路标志信号协定》对各种信号灯的含义作了规定。绿灯是通行信号，面对绿灯的车辆可以直行，左转弯和右转弯，除非另一种标志禁止某一种转向。左右转弯车辆都必须让合法地正在路口内行驶的车辆和过人行横道的行人优先通行。红灯是禁行信号，面对红灯的车辆必须在交叉路口的停车线后停车。黄灯是警告信号，面对黄灯的车辆不能越过停车线，但车辆已十分接近停车线而不能安全停车时可以进入交叉路口。此后，这一规定在全世界开始通用。这也就是我们现在所熟知的红绿灯规则啦！

14

综合案例

蓝色星球遭威胁 太空激战保家园

经历前面十三站的旅行，我们已经掌握了 Scratch 的基础知识，也学会了编写完整的具有许多特性（人机交互、消息机制、流程控制、动作特效、数学运算、结构化等）的复杂程序。在本章里，我们将进一步学习更复杂的游戏编程，同时考虑可玩度比较高的游戏的共同特征：故事背景、游戏角色、游戏目标、高操控性能、游戏关卡等诸多要素。

本章任务:开发一个多关卡对战游戏，玩家操控一架飞行器，穿越陨石阵关卡、外星怪物关卡和 Boss 关卡，玩家和最后的 Boss 都有生命值控制，前两关通过时间控制，最后一关通过生命值控制。

本章我们将学会

●多关卡游戏设计。

●抽象角色控制面板的运用。

●制造虚拟动画的技巧。

●对战游戏的开发技术。

微信(308)　　　　　清青老师

公元 3000 年 12 月 15 日上午 9:52

What happened? 天空中飞翔的不是鸟而是各种飞行器；地上跑的也不是汽车而是各种机器人。空中传来广播的声音："请注意，银河系行星 G–651 生物发动政变，该行星上的外星生物正企图进攻银河系指挥部——地球！请所有作战人员做好应战准备！

公元 2018 年 6 月 5 日上午 7:43

电小白，我跟你说，这才是你此次时光旅行的终极目的：驾驶飞船，迎战外星怪物，拯救地球！请拿起 Scratch 武器，承担这一重任吧！

14.1　地球保卫战任务描述

视频讲解

图 14-1　地球保卫战游戏界面

【本例程说明】

类似于《雷霆战机》之类的太空飞机大战游戏风靡一时，很多人沉迷其中，耗费大量的精力、时间甚至金钱在此类游戏上面，因此影响学习、工作、生活的也不在少数。本例程的目的并非是开发一款类似的游戏，而在于解构它，将它拆散后一一呈现在你的眼前，使得我们能够看清游戏背后的原理，并且不再被那些炫目的游戏所吸引。

【程序流程设计与角色安排】

一款吸引人的游戏往往先有一个故事背景，让玩家产生一种代入感，产生一种在虚拟世界里成为大英雄、甚至是世界拯救者的幻觉。本例程中的游戏从一个故事开始。银河系行星 G-651 的生物探测到太阳系中的地球存在生命，于是企图进攻银河系指挥部——地球，地球上此前派出去的作战飞船队伍，不幸已全部遇难！现仅存一架战斗飞船，这架飞船承载着整个地球的安危，必须在限定的时间内，穿越外太空的陨石阵，并拦截一群外星生物的联合攻击，最后的目标是击溃外星生物母体！

根据这个虚拟的故事，需要设计的流程：

1. 开场故事旁白；

2. 陨石阵关卡；

3. 外星怪物关卡；

4. Boss 关卡（外星怪物头目关卡）。

14.2　模拟太空环境

成功的游戏往往有着精美画面，让人沉迷在其虚构的环境氛围。本例程中我们将学会如何创造这种虚拟环境。根据任务描述，玩家驾驶飞船在太空环境中遨游。为了制造动画效果，我们需要做两件事：一是飞船底部要有"喷火"的画面，产生助推器在推动飞船飞行的视觉效果；二是背景从上向下不断移动，产生飞船在朝上方飞行的错觉。

接下来分别实现这两个功能。

视频讲解

一点通

游戏的可玩度与以下因素有关：营造的虚拟场景、游戏画面、设计的角色（玩家和敌人）、游戏目标、游戏规则（分数、生命值等）、游戏的操控方式以及游戏的难度等。

　　图 14-2 通过不断切换两个造型轻松实现了飞船"喷火"的效果。接下来还需要让飞船处于飞行的状态，即不需要玩家进行任何互动的情况下，实现"自动驾驶"的功能。通过学习，我们已经知道了让飞船的 y 坐标不断增加，就可以让飞船向屏幕上方飞行。但这时会产生一个新的问题：那就是飞船很快就会飞到屏幕上方并碰到边缘，这时即使再让 y 坐标值继续增加，飞船也只是始终处于屏幕最上方。要解决这个问题，需要用到一个新的技巧：让背景不断向下移动，同时保持飞船在原地不动。这样能制造出飞船在往上飞行的错觉！而且这样做，飞船永远不会飞离屏幕，仿佛这个太空环境是无穷无尽的！

　　为此，用"绘制新角色"的方式创建一个新的角色，命名为"背景"。为这个角色创建两个造型，分别命名为"space1"和"space2"。对这两个造型，我们均采用空白图片，只在其中标明是第几张图，这样便于说明挪动背景的技巧，如图 14-3 所示。

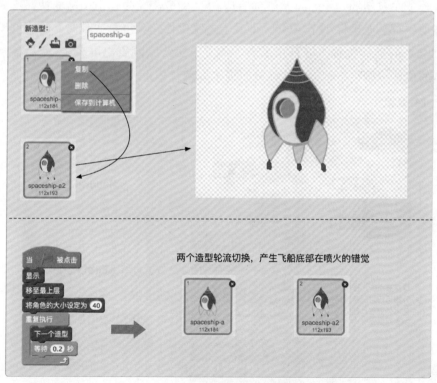

图 14-2　飞船"喷火"效果

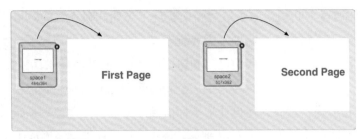

图 14-3　背景角色的两个造型

　　图 14-4 的背景角色的脚本代码解释：当绿旗被点击程序刚开始运行时，背景角色的本体隐藏，然后克隆自己两次。为了区分两个克隆体，定义了一个辅助变量 counter：第一次克隆 counter=1，第二次克隆 counter=2。这样在"当作为克隆体启动时"的代码中，就可以区分这两个克隆体，从而指定不同的造型。两个克隆体除了造型不同和初始位置不同以外，其余代码是完全相同的：都有一个无限循环，不断将 y 坐标增加 -5（即减小 y 坐标值）从而使其不断往下移动，直至 y 坐标小于 -340，即其上边缘都快达到屏幕底部时，将它移动到（0，345）的坐标位置（屏幕正上方，使其下边缘刚刚露出屏幕），然后又从这个新的位置不断往下移动。这样就实现了屏幕背景永不停息地往下移动的效果，如图 14-5 所示。

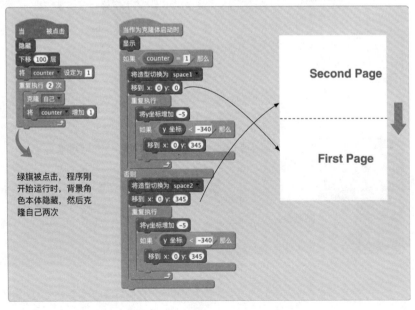

图 14-4　背景角色的脚本代码

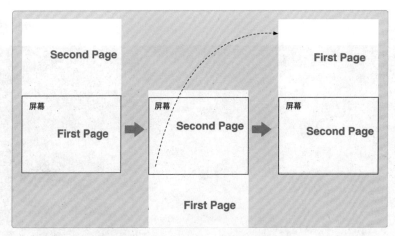

图 14–5　两幅背景图反复下移的示意图

最后，将背景角色的两个造型图片替换为太空背景图片，这样再加上飞船本身的动画，就成功地制造出飞船在太空中遨游的震撼场面啦！如图 14-6 所示。

在本书的第七章飞船穿越陨石阵的示例中，我们已经学习到如何用脚本代码实现四个方向键控制飞船往上、下、左、右四个方向飞行，也学习了如何发射子弹、如何让陨石由屏幕上方向下方飞行、如何判断子弹是否击中陨石等等。这部分内容本章不再重复描述，如果读者朋友们对此有不清楚的地方，请翻看第七章的内容。现在我们将主要学习如何设计和控制游戏关卡、如何更好地控制音效以及实现本游戏完整的第二关卡和第三关卡。

一点通

在游戏开发中，开发者常常需要创造一个超出屏幕大小的场景，让游戏中的角色和玩家能够在更大的虚拟空间中活动。本项目中介绍的用两个背景图交替着向下挪动的方式，实际上是利用了相对运动的原理（视觉上：飞船相对于太空背景向上移动＝太空背景相对于飞船向下移动），创造出一个无限的太空环境，进而巧妙地实现了飞船持续向上方飞行的视觉效果。

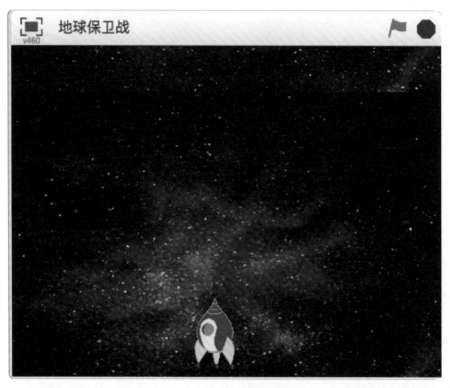

图 14-6　飞船在太空中遨游画面

14.3　看不见的角色起关键作用

我们所学习过的大多数例程，项目中的角色大多数都是有形体的并且可见的（偶尔会隐藏，但往往有显示的时候）。而实际上，较大型的项目经常会需要设计一些抽象的角色，这些抽象角色在项目的任何时刻都不会显示在屏幕上，它们往往是用来使程序的可读性更强、可维护性更好。本示例中，我们就增加了控制面板、音效控制、计分板这三个抽象角色。

图 14-7 显示了控制面板这个角色的部分脚本，这段脚本简洁地实现了流程图上的程序设计，使整个游戏显得流程清晰，因此"控制面板"这个抽象的角色就起到了协调其他所有角色和控制整个游戏流程的作用。

视频讲解

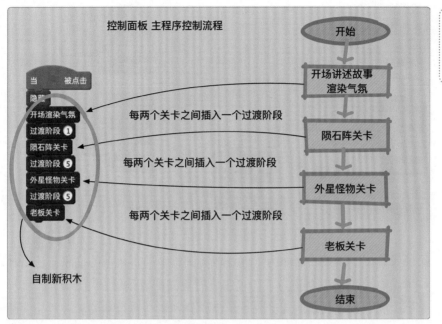

图 14-7 控制面板主控流程脚本

图 14-8 中的脚本是图 14-7 中主程序流程中各个子过程的具体实现。这些具体实现似乎都很简单，只是设定了一个全局变量"游戏状态"的设置、广播一个相应的消息或是紧接着有一个等待多少秒的指令，然后整个积木方块就结束了。显然，游戏真正的功能并不是由在控制面板角色中的这些自制积木实现。这些自制积木只不过是通过全局变量、消息机制以及计时器来协调各个角色的行为而已，真正的功能必须由各个具体的角色完成。

关于上述这一点，仍然可以拿拍摄一场电影进行对比。一场电影的拍摄中，会涉及很多的演员（角色），需要有一个导演负责协调所有角色的行为，另有人负责灯光、有人负责播放音乐效果等，导演经常喊"Action"来发号施令，但真正的演出必须由每一位具体的演员（角色）来完成。

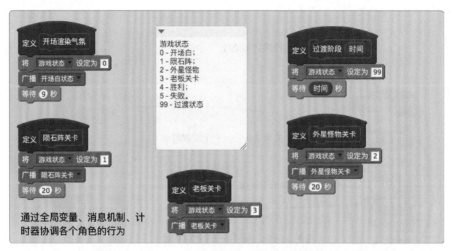

图 14-8　控制面板角色中的自制积木

　　除了像"控制面板"这样为了更好地协调整个项目角色的抽象角色以外，还有另一类抽象角色，主要是为了让程序具有更高的可读性和可维护性而设计的，例如本例中的音效控制角色和计分板角色，分别将与音效相关和分数相关的两类脚本集中在各自专门的角色中处理。图 14-9 显示了音效控制角色的脚本，这个角色从程序刚开始运行就一直处于隐藏的状态，在舞台上它没有任何可见的部分或显示的时间，只是接收其他角色广播的消息，当特定的消息被接收到后，播放相应的声音特效。

　　本项目中所有音效均在本角色内播放，通过消息机制来触发播放动作。由于整个项目的音效集中在同一个角色脚本中，使得程序具有极高的可读性和易维护性。设想当我们希望更换老板关卡、外星怪物关卡或任意关卡任意事件的声音特效时，我们无须在整个项目中四处寻找角色和脚本进行更改，而只需在声音特效这个唯一的角色中，简单地替换音效文件并更改相应的声音播放指令即可。

　　与音效控制角色相似的是计分板角色，此角色也是一个抽象的角色。它在整个项目周期内均不可见。一个分数变量和两个生命值变量（玩家生命值和 Boss 生命值）都在且仅在计分板角色中处理。图 14-10 显示的脚本详述了如何根据接收到的不同消息处理相应的分数和生命值。

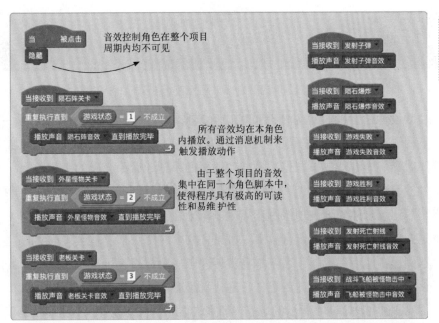

视频讲解

图 14-9 音效控制角色脚本

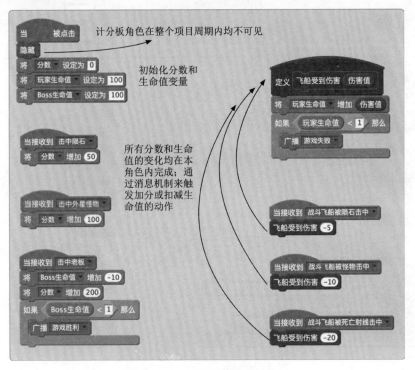

视频讲解

图 14-10 计分板角色脚本

191

14.4　游戏的故事背景

　　一款设计精良的游戏为什么可以让玩家爱不释手，玩了一遍又想再玩一遍，乐此不疲呢？"可玩性"是衡量一款游戏好坏的一个指标，"可玩性"好的游戏往往都要配套一个游戏故事背景，例如"愤怒的小鸟"有不会飞的鸟和爱捣乱的猪之间的故事；"植物大战僵尸"要玩家保卫自己的家园免于被僵尸吃掉脑子；"极品飞车"让玩家体验驾驶顶级跑车风驰电掣地在赛场上与众多高手一拼高下，奋力争先去创造属于自己的传奇故事。可见，故事对游戏来说是至关重要的。

　　本例程"地球保卫战"名字本身就传递了一个故事，玩家俨然成了拯救世界的大英雄，肩负着保卫地球的重任，这让玩家有庄严的使命感。所以本游戏最开始一段就通过如图 14-11 所示的玩家飞船来讲述一个科幻故事，渲染游戏的气氛。

视频讲解

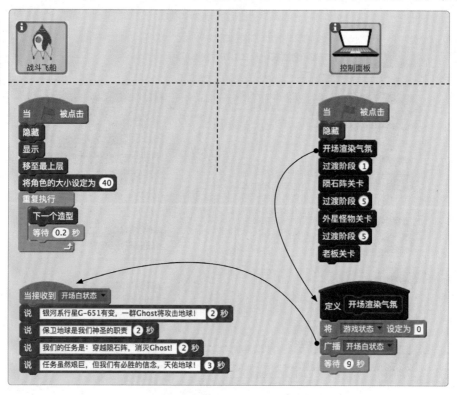

图 14-11　战斗飞船讲述开场故事

战斗飞船在接收到由控制面板广播的开场白状态的消息后，显示说话气泡，讲述这个游戏的故事背景，执行效果如图 14-12 所示，配合以恰当的音效，使玩家的使命感十足。

图 14-12 战斗飞船讲述开场故事运行效果

14.5 外星怪物关卡

陨石阵关卡在本书的第 7 章中我们已经完成，本章重点学习如何实现外星怪物关卡和老板关卡。图 14-13 显示了外星生物关卡的主要脚本，即外星怪物的脚本代码。

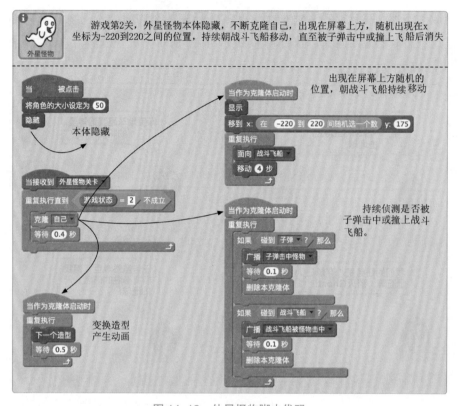

图 14-13　外星怪物脚本代码

外星怪物脚本代码非常简单，程序刚开始本体就隐藏。在程序的开场渲染阶段、陨石阵阶段，外星怪物角色都没有任何动作，一直到接收到由控制面板广播的"外星怪物关卡"这个消息后，才开始循环克隆自己，这里同时演示了如何利用消息机制和全局变量来协调角色之间的关系，通过消息触发了克隆的动作循环，而这个循环的结束条件是全局变量"游戏状态"的值不再为2（2代表外星怪物关卡状态）。

对于每一个克隆体，当克隆体启动后，都会进入三个循环，因此，需要三个"当克隆体启动时"的触发型指令，分别将三个循环代码接在这三个触发型指令之后，这三个循环的作用分别是：从屏幕上方的随机位置向战斗飞船移动，持续侦测是否碰到子弹或飞船，变换两个造型以产生动画视觉效果。

视频讲解

14.6　Boss 关卡

图 14-14 显示了 Boss 关卡中角色 "Boss"（老板）的脚本代码及其运行机制。
图 14-15 则示意了角色 "死亡射线" 的脚本代码及运行效果。

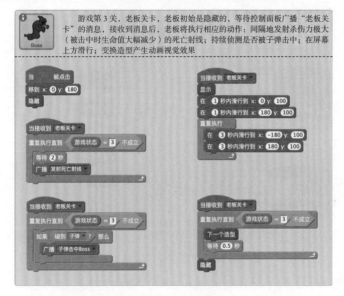

图 14-14　老板脚本

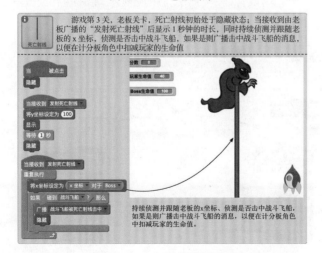

视频讲解

持续侦测并跟随老板的x坐标、侦测是否击中战斗飞船，
如果是则广播击中战斗飞船的消息，以便在计分板角色
中扣减玩家的生命值。

图 14-15　死亡射线脚本

　　游戏通常都要有结束的条件，要么是分数达到某一数值、要么是任务失败壮烈"牺牲"、又或者是成功消灭敌人获得胜利、还有的游戏是因预设的时间用完而结束游戏。

　　本例程中陨石阵关卡和外星怪物关卡采用的是时间控制，只要在这个时间内，战斗飞船没有被陨石或外星生物击溃而失败，就算通关，进入下一关，如图 14–16 所示。

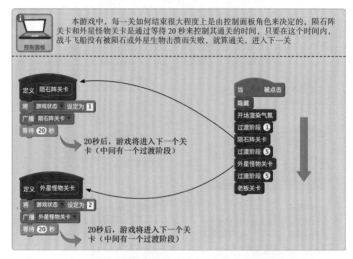

图 14–16　游戏关卡通关条件控制

　　而在老板关卡，则不是由时间来控制的，游戏要求玩家与老板之间，必须分出最终的胜负。本游戏设计了一个专门用以显示玩家胜利或是失败信息的角色"win_or_lose"，图 14–17 示意了此角色的脚本代码。

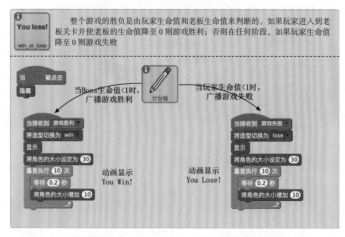

图 14–17　win_or_lose 角色脚本

本章我们完整地开发了一款具有多关卡的攻防类游戏，其中涉及了游戏中的诸多重要元素，例如：故事背景、游戏音效、角色设计、关卡控制、游戏目标、分数记录、人机交互等等；这个游戏可以作为我们进一步探索更复杂的游戏的入口和基础。就本游戏来说，建议读者朋友们基于现有的脚本代码进一步改进，以下是一些改进建议：

●发挥想象力，在现有的陨石阵、外星怪物和老板头关卡的基础上，增加更多的关卡。

●增加更精美的动画效果：陨石、战斗飞船和 Boss 被击中或生命值降为 0 后播放一段爆炸特效。

●外星怪物关卡本身的难度由易到难，例如外星怪物出现的频率由慢到快、移动的速度由慢到快。

●改编游戏故事，同时把太空背景变更成其他场景。

●增加双人模式，让两个玩家分别控制两架战斗飞船并肩作战。

●给予玩家恢复生命值的机会。

●增加战斗飞船的武器、提升飞船的战斗力。

本章主要综合运用了以下编程知识和技巧：

●流程设计和结构化编程；

●使用消息机制协调角色之间的行为；

●利用角色克隆技巧简化代码；

●全局变量的使用；

●侦测技术在多角色互动中的应用；

●人机交互技术；

●通过造型变换制造动画效果。

14.7 扩展阅读：时光旅行

霍金曾经做过一个著名的实验，他写下了一份邀请函且公布于全世界，邀请函的内容便是请未来的人类通过时间旅行来到他家参加聚会，可是聚会当天并没有任何人前来拜访。

科学家认为，回到过去是不可能的。因为假如可以回到过去，必将引发一系列的悖论和矛盾：假如一个人回到过去将以前的自己杀死，那么这个人既存在又不存在，这就是悖论，悖论不可能存在于现实世界，所以人们不可能回到过去。

从爱因斯坦的相对论可知，在某些情况下时间是不均匀流逝的，这使得穿越到未来在理论上成为可能。但这种穿越，其实只不过是一部分人的时间过得比另外一部分人的慢而已。1905 年，爱因斯坦在他的相对论中说：时间是相对的，当我们以接近或超过光速的速度运动的时候，时间会很慢或静止，也就是说，如果一个人以接近光速旅行，那么时间对他来说就会停滞。当人乘坐接近光速的飞船去旅行，在旅行的过程中时间就会变慢，因此，当他再回到地球的时候就可能已经过了一个世纪甚至更长时间。这样对他来说，相当于只花很少的时间就直接进入到未来世界了。

附录 A
Scratch 2.0 软件开发环境安装与介绍

A.1——Scratch 2.0 安装

Scratch 的开发环境可免费获得。Scratch 提供了两种开发环境：一是在线环境，采用网络浏览器（例如微软的 IE、苹果公司的 Safari、谷歌公司的 Chrome 浏览器以及火狐浏览器等）访问网址 https://scratch.mit.edu（界面如图 A–1 所示，选择"创建"即可进入图 A–2 所示的在线编辑器编程界面）；二是离线开发环境。

视频讲解

图 A–1　Scratch 网站主页

图 A–2　Scratch 在线编程器

Scratch 2.0 运行条件：

（1）一台运行 Windows 或 ChromeOS 或 Mac 的计算机；

（2）2016 年 6 月 15 日之后发布的 Adobe Flash Player。

一点通

假如图 A–1 中点击"创建"后提示"缺少插件"，即就意味着 Adobe Flash Player 没有安装在本机上，这时，可点击屏幕上的"缺少插件"按钮按提示下载安装 Flash Player，或直接在浏览器地址栏中输入 https://get.adobe.com/cn/flashplayer/ 下载安装最新版的 Adobe Flash Player 插件即可。

搭建在线开发环境，通过浏览器直接访问 Scratch 网站，不需要安装软件（假如 Adobe Flash Player 插件已经安装的情况），非常方便，但要求计算机必须保持连网。在没有连接互联网的情况下，就不能使用了。因此，Scratch 提供了第二种开发环境，即安装 Scratch 的离线编辑器。如图 A–3 所示 Scratch 网站主页下拉到最后，可以找到"离线编辑器"的链接入口。

图 A–3　Scratch 离线编辑器入口

图 A–4 是 Scratch 离线编辑器的下载页面，清晰地显示了 1、2、3 步。其中，第 1 步是安装 Adobe AIR 软件，这是 Scratch 2.0 需要使用到的 Adobe 开发的一个平台技术，主要是实现跨平台的特性；第 2 步是下载 Scratch 2.0 的离线编辑器，页面上提供了不同的操作系统的版本，只需根据自己的操作系统来选择相应的版本下载安装即可；第 3 步并不是必须的，它主要是 Scratch 开发团队提供给用户的一系列教学程序。

图 A-4　Scratch 离编程器下载页面

离线编辑器安装成功后，在计算机的桌面上可以看到如图 A-5 显示的小猫头像的图标。双击这个图标运行 Scratch 的离线编辑器，这样就可以愉快地学习编程啦！

MIT 媒体实验室的终生幼儿园小组（The Lifelong Kindergarten Group）在发布 Scratch 的同时，还提供了丰富的入门项目作为示例程序，以帮助学习者快速了解和掌握 Scratch 的编程特性。这些例程可以从图 A-4 离线编辑器下载页面上找到并免费获得。

随软件安装包发布的入门项目一共有 25 个，共分为 6 个类别，分别是动画、游戏、互动艺术、音乐与舞蹈、故事、

图 A-5　桌面上的 Scratch 图标

视觉感知。如图 A-6 所示，双击扩展名为 ".sb2" 的文件就能在 Scratch 的编程环境中打开，点绿旗逐一试试看运行的效果吧！

图 A–6   Scratch2.0 官方教程文件结构

A.2——Scratch 2.0 编程环境介绍

乍一看图 A–7 显示的编程界面，内容可真不少！不过，我们暂时不打算面面俱到地逐一介绍，等以后用到的时候再来认识也不晚。现在，我们先关注图中标注的 4 个数字及其对应的区域吧，如图 A–8 所示。

视频讲解

图 A–7   Scratch2.0 编程界面

01 舞台区

这是我们编写的程序向用户展示的舞台。新建的项目都有一只小猫在舞台中央，这个小猫在 Scratch 中被称为角色，所有的角色和场景都在这个区域，程序运行的时候，角色的活动范围都在舞台区域内而不可能走到舞台外边。可以这么理解：舞台区是表演节目的前台，其他区域都是幕后。

02 角色列表区

就像我们平常看戏，戏里通常都有很多角色在出演；Scratch 中的程序跟戏剧有点相似，里面也会有很多角色，所不同的是，程序中的角色并不仅限于戏剧中的人物哦，一草一木，还有无生命的物品都有可能是一个角色，甚至看不见摸不着的抽象的概念也可以做成一个角色，在本书的例程中，我们慢慢的会学习到这些。

新建项目，默认状态下都会产生一个角色，就是舞台区上的那只猫。除了舞台区之外，猫同时还会出现在角色列表区，对于多角色的程序，角色列表区里会列出多个角色，这时我们要注意，当前选中的是哪一个角色，因为脚本区里的脚本都是有主人的呢。

Scratch 提供了 4 种方式新增角色：从角色库中选取角色；绘制新角色；从本地文件中上传角色；拍摄照片当作角色。

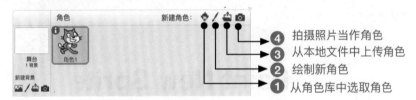

图 A-8　新建角色的四种方式

（1）从角色库中选取角色

如图 A-9 所示，Scratch 角色库提供了数百个角色供开发者选择，只使用角色库中预置的角色就可以开发出精彩的动画和游戏啦！

为了讲解方便，本书展示的例程大多数是从角色库中选取。因为这样最节约时间，并且还能有很好的美工效果。

图 A–9　角色库对话框

（2）绘制新角色

当我们需要制作更加个性化的角色时，"绘制新角色"（图 A–10）就能显示出它强大威力了。Scratch 自带的绘画工具，功能非常强大，它可以让我们轻松实现创作的愿望。本书第 2 章和第 13 章详细介绍了这个画板工具及其使用。

图 A–10　画板工具

（3）从本地文件中上传制新角色

要在一个地方导入角色，必然事先在另一个地方先有导出（或保存）角色。"从本地文件中上传角色"可以实现将一个程序中的角色导入到另外一个程序中，具体做法：在角色列表区，右击要导出的某个角色，将出现如图 A–11 所示的快捷菜单，选择其中"保存到计算机"，则出现一个保存文件对话框，待存储的角色文件是 Scratch 特有的文件类型，扩展名为 "sprite2"。保存成功后，即可以在另外的程序中通过"从本地文件中上传角色"将此角色导入。

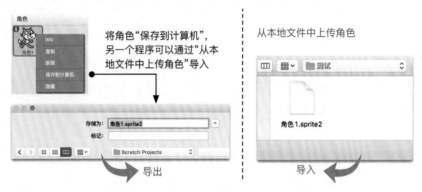

图 A–11 将角色保存到计算机及从本地文件上传角色

（4）拍摄照片当作角色

如果选择"拍摄照片当作角色"，将出现一个如图 A–12 所示的对话框。Scratch 自动打开摄像头，摄像头所拍摄到的画面将出现在对话框中，单击下方的"保存"按钮，将会以当前的画面作为默认造型，一个新的角色就此创建。

图 A–12 拍摄照片当作角色

03 指令区

这十个类别的指令方块主要是以其实现的功能来分类的，如图 A–13 所示。具体来说：运动类的指令，主要是用以控制角色的动作例如朝向、左右转动、向前向后移动若干步、移动到指定的位置等；侦测类指令，用以检测用户的输入或角色与其他角色的相对位置如碰到某角色，碰到边缘或鼠标指针或键盘上的某个键被按下等。Scratch 将不同类别的指令用不同的颜色来标识，加以区分。这个人性化的设计，在编程中可以带来很多便利呢，因为我们的视觉方面的信息留下的印象是最深刻的，编程时，很容易通过颜色来判断某个指令是属于哪一个类别，从而快速定位这个积木模块。

除了功能分类和颜色区别之外，指令方块在形状上也有几种类别这方面的讨论将涉及程序开发中比较深入的知识层面，我们将在本书恰当的位置加以讨论，现在只需认识一下指令方块有这样几种形状就可以了，如图 A–14 所示。

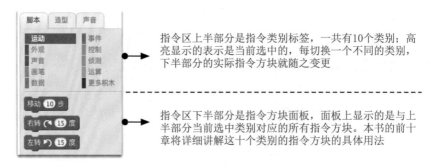

图 A–13　指令区面板

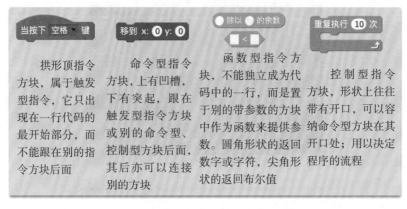

图 A–14　指令方块形状类别

04 脚本区

将指令区里的指令方块拖动到脚本区域，多个指令方块像堆积木一样被连接在一起。"这堆积木"就成了控制角色的脚本，它实际上就是一段程序代码。搭好积木后，用鼠标双击一下积木块试试，看看舞台上的角色有什么变化。

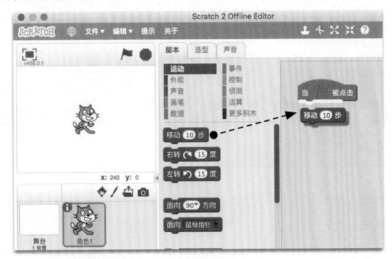

图 A-15　脚本区示意图

在角色列表区选中要编程的角色，从指令面板上把指令方块拖到脚本区，按形状搭建积木，这些积木就成为控制当前选中角色的脚本程序。

图 A-15 中脚本区的脚本(程序代码)是控制"角色 1"这个当前选中的角色的。因这个示例只有一个角色，所以默认是选中这个唯一的角色。如果程序有多个角色，这时就要注意当前选中的是哪一个角色。因为脚本区的指令，总是对应当前选中的角色的。从指令面板中用鼠标拖动一个方块放置在脚本区，当拖动着的新的方块靠近已有的方块时，如果原方块下方出现白色高亮显示的图像，表明这两者是可以连接在一起的，如图 A-15 所示。上例中，如果我们单击绿旗，舞台区的那只猫会朝右边移动 10 步，即 10 个像素点，关于舞台的坐标系在第 1 章中有详细介绍。

图 A–16 对比了用 C++ 编程和用 Scratch 编程。可见，同样是在屏幕上打印出一个字符串，基于文本的编程语言需要编写较多的代码，而基于图像的 Scratch 则只需使用一个指令方块即可实现。

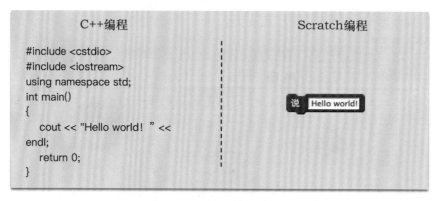

图 A–16 C++ 与 Scratch 编程对比示意

附录 B
Scratch 学习社区

B.1——一个有无限资源的神奇网上社区

Scratch 功能的强大不仅在于软件本身，更在于其形成的强大的互联网平台、学习社区。截至目前，全世界的 Scratch 编程爱好者已经发布分享了超过三千一百万个项目！打开网络浏览器，输入 https://scratch.mit.edu，即可显示图 B-1 的 Scratch 网络社区主页。这个主页已经列表显示了一些精选项目、特色工作室等。

图 B-1　Scratch 网络社区主页

三千多万个项目，这个数量对于我们每个人一生能开发的项目数来说，简直是天文数字！它几乎囊括我们所能想到的任何一个项目。也就是说，只要你感兴趣的话题、创意，你都有希望从这个社区里找到类似的、别的 Scratch 开发者曾经做过的项目作为参考。研究优秀的开发者开发的范例式程序是提高我们开发水平非常有效的方式。图 B-2 显示了以"Minecraft"为关键词搜索到的部分项目。

图 B-2　社区搜索项目列表

B.2——创建 Scratch 账号

你知道吗？现在距离将你开发的 Scratch 程序与全世界的编程爱好者分享，只差一个 Scratch 账号啦！如果我们只是编写程序自己欣赏，或者我们只是单向地看别人开发的 Scratch 程序，创建 Scratch 账号并不是必须的。但拥有一个自己的 Scratch 账号确实是一件非常酷的事情！拥有 Scratch 社区的账号后，你就成为这个社区的一员。你可以将自己的程序保存到这个网络社区上，当你换一台电脑后，仍然可以凭这个账号继续编辑自己的项目。你还可以向社区里的许多大牛（优秀的程序员的别称）请教编程的技巧。更重要的，你可以将自己开发的程序分享到这个社区，供别人查看、参考和学习。所谓"来而不往非礼也！"我们从这个社区获得过很多帮助，反过来回馈这个社区，贡献一点自己的聪明才智，这是非常值得鼓励的事。

　　说明一下，以上所有这些超级酷的事情，全部都是免费的！下面介绍创建账号的 4 个步骤。

　　第 1 步，在浏览器地址栏输入 https://scratch.mit.edu 进入社区主页，单击"加入 scratch 社区"。打开创建账号向导的第一个对话框（请见图 B-3 创建社区账号第 1 步，为自己的账号起一个响亮的名字，设定并牢记自己的密码，密码连续输入两次），然后单击"下一步"。

图 B-3　创建社区账号第 1 步

　　第 2 步，在对话框（图 B-4）中输入你的出生年、月、性别、国家，单击下一步。

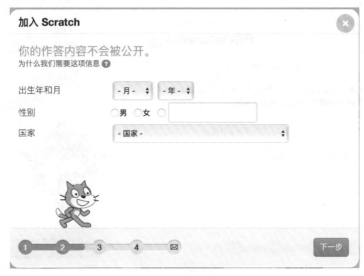

图 B-4　创建社区账号第 2 步

第 3 步，在对话框（图 B-5）中输入电子信箱地址，再输入一次确认信箱地址，两次输入信箱地址必须一致，单击下一步。

图 B-5　创建社区账号第 3 步

第 4 步，一个确认步骤。无误的话，账号就创建成功啦，可以愉快地分享你的成果到社区了，如图 B-6 所示。

图 B-6　创建社区账号第 4 步

B.3——巧用社区送来的书包

有了社区账号，不仅可以将你编写的很酷的程序与其他开发者分享，同时还能得到一个书包（Backpack）。当然，这个书包是虚拟的，它并不能用来装真实的物体。但这个虚拟的书包的用法跟真书包很相似，甚至比真的书包更有用，它可以将你感兴趣的角色、脚本、造型、声音、背景等"装进"书包，然后在开发项目中把这些东西取出来使用。以下是操作步骤。

第 1 步。单击首页正上方导航栏上的"发现"按钮，显示社区内的项目列表，从中选取你感兴趣的项目；也可以在导航栏上的搜索框输入关键词，这样更有针对性地找到自己感兴趣的内容，如图 B-7 所示。

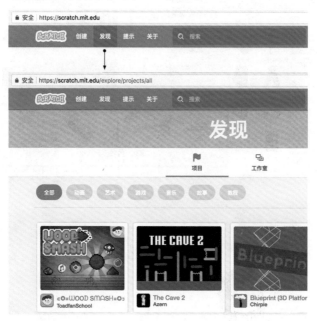

视频讲解

图 B-7　书包的使用第 1 步

第 2 步，单击项目列表中的项目，显示项目页面，如图 B-8 所示，单击右上角的"观看程序页面"可进入下一步。

图 B–8　书包的使用第 2 步

第 3 步：在源程序页面，可以方便地将角色、脚本、造型、背景等内容拖动到书包中保存（请见图 B–9）。

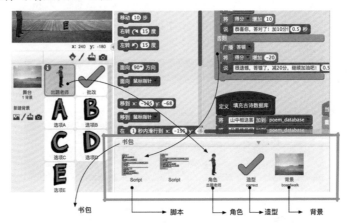

图 B–9　书包的使用第 3 步

第 4 步，在项目中，可以将第 3 步保存在书包中的角色、脚本、造型、背景直接拖动到相应的位置使用。

一点通

只有注册了 Scratch 社区账号并登录，并且只有 Scratch 在线环境中才有书包，在离线编辑器中则没有。借助书包的特性，可以方便地在不同的 Scratch 项目之间复制脚本代码、角色、造型、背景等元素。

索　引